五环连五洲
世界花卉展

北京市公园管理中心 编著

中国林业出版社

主　办	北京市公园管理中心
承　办	北京植物园
编　著	北京市公园管理中心
责任编辑	刘先银
平面设计	林　宁

图书在版编目(CIP)数据

五环连五洲世界花卉展 / 北京市公园管理中心编著.
北京：中国林业出版社，2008. 8
ISBN 978-7-5038-5599-3
I. 五… Ⅱ.北… Ⅲ.花卉－简介－世界 Ⅳ.S68

中国版本图书馆 CIP 数据核字(2008)第 081146 号

出版发行	中国林业出版社
地　址	北京西城区刘海胡同 7 号
邮　编	100009
责任编辑	刘先银
E-mail	Liuxianyin@263.net
电　话	(010) 83227226
经　销	全国新华书店
制　作	北京大洋天地印刷技术服务有限公司
印　刷	北京大洋天地印刷技术服务有限公司
版　次	2008 年 8 月 第 1 版 第 1 次
开　本	889mm × 1194mm　1/16
印　张	9.5
字　数	227 千字
印　数	1～3000 册
定　价	169.00 元

前言

Foreword

为迎接2008北京奥运会和残奥会，为赛会营造欢乐气氛，北京市公园管理中心在北京植物园举办“五环连五洲”世界花卉展。作为北京市奥运系列文化活动之一，花展布置了来自五大洲（亚洲、欧洲、非洲、美洲、大洋洲）的国花、国树、代表性植物以及特色花卉1000多品种100余万株。花展用花卉植物诠释了“绿色奥运、人文奥运、科技奥运”的理念。展区占地10公顷，花卉布置力求精致、细致、别致。花展突出“更快、更高、更强”的奥运精神，体现北京奥运“同一个世界，同一个梦想”的主题。展览时间：2008年7月8日～10月8日。

本次展览分为中心展区、非洲区、欧洲区、美洲区、亚洲区、大洋洲区、芳香植物展区和科普展区。中心展区以“从雅典到北京”为主题，以多彩的花卉展示百年奥运的辉煌历程；非洲区以非洲原产的各类植物，体现富有非洲风情的自然和热情；欧洲区用轴线对称的种植方式，体现欧洲园林的古典与浪漫；美洲区和亚洲区用特色鲜明的造型和植物，体现美洲大陆的多元和神秘、亚洲大陆的古老与文明；大洋洲区以“蓝色的海洋”为主题，体现了大洋洲的海岛风情；芳香植物区展出了适宜盲人用触觉和嗅觉感受的芳香花卉；科普展区由“五环连五洲”、“国花与文化”、“奥运脚步”、“花舞中华”和“世界花卉之旅”五部分组成，分别回顾了前28届奥运会主办城市的风情，介绍了世界各国、各地区的特色植物、国花国树及其背后的故事，用互动的方式介绍了中国的特色名花。

此次展览，历时3个月，为奥运会和残奥会营造了花团锦簇、热烈祥和的欢乐气氛，同时，用鲜花为中国人民和世界人民架起了一座友谊、和谐的桥梁，展示了北京市公园管理中心奉献奥运、争创一流的实际行动，为北京市公园管理中心完成第一步战略构想，实现向第二步战略构想迈进奠定了良好基础。

北京市公园管理中心党委书记　主任

郑秉军

2008年8月

《“五环连五洲”世界花卉展》

编 委 会

目 录
Contents

第一章

“五环连五洲”世界花卉展概览

百年奥运，中华圆梦。2008年第29届奥林匹克运动会和第13届残疾人奥林匹克运动会在北京举行，亿万中华儿女的奥运之梦终于实现。

奥运会是对一个国家和所在城市的城市管理、运行效率、民众素质、基础设施等的综合检阅，也是主办城市全面展示各项建设成果的重要契机。为了给奥运会、残奥会营造热烈祥和、鲜花簇拥的欢乐气氛，为世界各国的嘉宾和国内外游客创造沟通了解、增进友谊、共创和谐的机会，北京市公园管理中心决定在奥运会和残奥会期间，在北京植物园举办“五环连五洲”世界花卉展。活动得到了奥组委文化活动部的支持，认为本次活动对营造奥运欢乐氛围、烘托奥运文化理念、展示首都美好环境会起到积极的推进作用。按照北京市公园管理中心“分三步走、三大战略”的战略构想，遵循“精致、细致、别致”的要求，在花展指挥部的直接领导下，积极稳妥地推进“五环连五洲”世界花卉展的准备工作。为了把花展办成“有特色，高水平”的花卉盛会，充分体现公园管理中心对绿色奥运、人文奥运和科技奥运的贡献，设计、施工和养护人员付出了极大的心血，花展终于在2008年7月8日成功开幕，并持续3个月，受到了国内外游客的广泛赞赏。

一、花展创意

奥林匹克五环是奥林匹克运动的标志，象征五大洲和全世界的运动员在奥运

会上欢聚一堂，充分体现了奥林匹克主义的内容："所有国家、所有民族"的"奥林匹克大家庭"主题。根据《奥林匹克宪章》"奥林匹克标志"词条的附则补充解释，奥林匹克旗和五环的含义，不仅象征五大洲的团结，而且强调所有参赛运动员应以公正、坦诚的运动员精神在比赛场上相见。奥林匹克旗帜五个不同颜色的圆环（天蓝色代表欧洲，黄色代表亚洲，黑色代表非洲，草绿色代表澳洲，红色代表美洲）连接在一起象征五大洲的团结，象征全世界的运动员以公正、坦率的比赛和友好的精神在奥林匹克运动会上友好相见，欢聚一堂，以促进奥林匹克运动的发展。

五大洲代表着全世界的国家和地区。用花卉这种充满人文精神的材料，将全世界各国的文化、地理、植物用艺术的形式表现出来，而且在一个场所共同展示，这无异于一场花卉的奥林匹克盛宴。本次花展的立意就是试图利用植物和花卉表现世界各国的文化和特点，用花卉将全世界的各民族和谐地聚集在一起，为奥运会和残奥会营造欢乐的氛围。

(1) 花展是北京奥运会三个理念的具体体现

此次花卉展览以奥运会为契机，体现"绿色奥运"的内涵，为北京创造一个洁净的、充满绿色生机的环境。先进的园艺技术、农业生物技术、栽培技术设施等在展览中的应用同样迎合"科技奥运"的要求。为了突出"人文奥运"的根本思想，即以运动员为中心，提供优质服务，努力建设使奥运会参与者满意的自然和人文环境，在这里，展出各国国花国树以及人文地理等丰富内容，会让各国运动员有宾至如归的感觉。

(2) 花展增进中国人民对世界的了解

花是和平、友好、吉祥、幸福的象征，每个国家都有自己的花和树，通过欣赏各国的国花更能感受得到每个国家独具特色的一面。举办世界花卉展丰富了人民群众的文化生活，促进公众对世界的了解；公众可以通过解读世界国花国树的寓意，了解该国人民的文化和思想。花展为增进各国人民之间的情感交流，促进沟通与合作提供了新的形式，这和奥运会倡导的和平理念是一致的。

(3) 体现中国园艺、园林、植物园界在奥运中的地位和作用，凸显北京公园系统在奥运工作中的独特特点和贡献

北京市公园管理中心成立以来，在公园管理和建设方面取得了显著的成绩。而本次展览展示北京公园系统的建设成果，展示公园系统在迎接奥运工作中的风采。此次展览是对公园系统园艺、园林、文化、服务接待、景观等方面综合素质的一次检阅，也是北京市公园管理系统在迎奥运工作中极其有特色的活动，必将极大地提升公园管理中心在北京乃至全国的地位和作用，必将在国内乃至全世界产生良好的社会影响。

(4) 在奥运会期间举办世界花卉展，在100多年的现代奥运历史中是第一次，是具有开创意义的一次。它是对奥运精神的一次全新的诠释。世界花卉展也成为北京奥运期间一项最有特色、最具人文精神的活动。

二、花展特色

1. 展览规模

(1) 八大展区

按照地理区划，设置亚洲、欧洲、非洲、大洋洲和美洲五大展区和中心展区，并设立科普展区，残奥会期间单独设立残奥花卉展区，集中展示世界各国的国花、人文地理以及世界著名的花卉、植物。中心展区以热烈、欢乐的气氛，表现百年奥运“同一个世界、同一个梦想”的主题。

(2) 奥运大家庭的大聚会

展示奥运大家庭205个国家和地区的国花国树（或代表性植物）和历史地理文化。

(3) 100万株花卉

展览期间，保持100万株花卉的展出规模，将植物园布置成花的王国、花的海

洋。

“五环连五洲”世界花卉展共引种展示植物1000余种，总用花量180余万盆，塑造立体花坛、园艺小品60余个。

奥运大家庭共有205个国家和地区，其中有国花国树的国家地区162个，涉及国花国树植物177种。(见附录)

2. 各展区景观特点：

(1) 花展景观布置原则

* 充分利用现有植物景观

* 中心区的花卉以大面积的纯色搭配为主

* 非洲区以沙生植物和热带雨林植物为主

* 欧洲区根据园艺展出形式选取植物材料

* 美洲区 亚洲区用硬质景观配合植物材料展出。

(2) 花卉色彩

* 中心区的花卉色彩以暖色为主

* 大洋洲的花卉色彩以蓝色、白色为主

* 美洲区以红色系为主

* 欧洲区以冷色系花卉为主

* 亚洲区以黄、橙色系为主。

(3) 花卉品种选择

* 品种丰富，展出品种不少于 1000 个品种

* 选择经过试验，耐热、耐潮湿的花卉植物

* 展出大量新、优、珍、稀的花卉品种

花展品种选择上突出选用观赏性好、适应性强的各类花卉。

大面积栽植植物尽可能选用抗性强、观赏期长的植物，尽可能减少换花数量和次数。

三、花展方案

(1) 南门门区——“五环连五洲”

标识：世界地图、五环标志

东南门门区包括门前及进门后广场。利用“五环”标志营造热烈的 2008 年

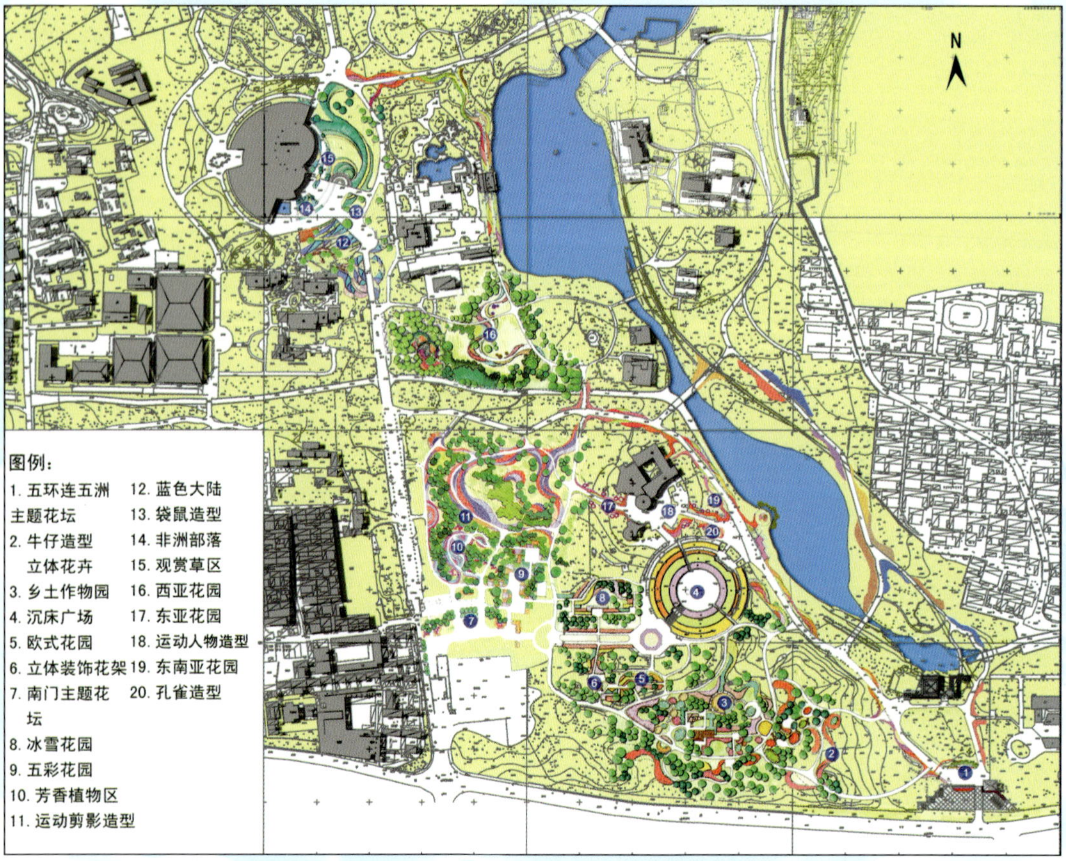

2008 年“五环连五洲”世界花卉展览会方案**总平面图**

奥运气氛，同时利用“世界地图”的概念强调此处为花展的起点，吸引游客进入主游览线，同时树立花展会的第一印象。主花材：观赏辣椒(*Copsicum annuum*)、向日葵、非洲凤仙(*Impatians walleriana*)、四季秋海棠(*Begonia* × *semperflorens*)、天竺葵(*Pelargonium graveolons*)、大丽花(*Dahlia pinnata* Cov.)。

(2) 东南门门区——欢乐北京

标识：福娃欢欢和福牛乐乐

位于植物园东南门内广场，用植物种子制作福娃欢欢和福牛乐乐，配以四季秋海棠(*Begonia* × *semperflorens*)等植物，形成欢乐的气氛。

(3) 美洲区

主题：神秘的土地、多元的世界

本区展示美洲国家的国花国树，景观特色为乡土作物园和立体花卉造型展示。

乡土作物园以展示原产美洲的作物类植物为主，如辣椒(*Capsicum onnuum* L.)、甘薯(*Ipomeae balatus*)等，结合西部牛仔的立体花卉造型表达了美洲既古老又现代，既传统又开放的多元文化特点。

欢乐北京

主花材：观赏辣椒(*Copsicum annuum*)、向日葵、非洲凤仙(*Impatians walleriana*)、四季秋海棠(*Begonia × semperflorens*)、天竺葵(*Pelargonium graveolons*)、大丽花(*Dahlia pinnata* Cov.)

(4) 欧洲区

主题：古典与浪漫、缤纷的花园

本区展示了欧洲国家的国花国树，景观特色为芳香植物区以及冰雪花园。展现地区风情的立体花卉造型为木鞋及藏酒的“橡木桶”。

芳香植物区展示多种芳香植物，这些品种的原产地主要分布在地中海沿岸的欧洲诸国，选用植物材料有薰衣草(*Lavandula officinalis*)、迷迭香(*Rosmarinus officinalis*)、薄荷(*Mentha haplocaly × Briq*)等，做到“绿化、美化、香化”，形成一个天然的香水瓶。

北欧大部分地区处在冰雪世界中。冰雪花园选用白色系植物，如蓍草(*Pedicularis achilleifdia* Stcph.)、高山积雪(*Enphorbia marginata pursh*)等，表现被白色覆盖的大地。

主花材：芳香类植物、观赏草、景天(*Sedum* cv.)、雪叶莲(*Senecio cineraria* DC.)、高山积雪(*Enphorbia marginata pursh*)、铃兰(*Convallarllaria majalis*)

(5) 亚洲区

主题：多彩的河流、文明的摇篮

展示了亚洲地区国树或国花，景观特色为东亚及东南亚区、西亚区两部分。

a.东亚及东南亚区

东亚地区的立体花卉造型为富有东方神韵的石灯造型，呈现一个有东方之美的花

美洲区设计效果

欧洲区酒桶造型效果

石灯造型效果

陶罐造型效果

大洋洲区效果

北非风情

园。选用植物材料有：桔梗(*Platycodon grandiflorus*(Jacq.)A. DC)、菊花(*Dendrathema morifolium*)、金光菊(*Rudbeckia laciniata*)、雁来黄(*Amaranthus tricolor*)等。

东南亚的主要特色是带有热带风情的植物展示。孔雀造型的立体花卉小品，湖区栽植多品种的荷花(*Nelumbo nucifera*)、睡莲(*Nymphaea tetragoka* Georg)，都展现出与众不同的亚洲热带特点，选取植物材料有龙船花(*Ixora chinensis* Lam)、茉莉、美人蕉(*Canna generalis*)、千日红(*Gomphrena globosa*)等。

b.西亚区：

古代西亚手工业发达，尤以陶制品闻名，利用陶罐作为器皿，种植深紫色花卉和黄橙色菊花(*Dendrathema morifolium*)，展现西亚神秘、富饶的国度。选取植物有紫色三色堇(*Viola tricolor* vor. *hortensis* DC)、紫色宿根福禄考(*Phlox drummondii* Hook)、百日草(*Einnia elegans*)、小菊(*D.morifolium with small infloresences*)、大花金鸡菊(*Coreopsis grandiflora*)。

(6) 大洋洲区

主题：蓝色的大陆、斑斓的海洋

大洋洲区展示该地区国家的国花或国树，景观特色为蓝色大陆景区及袋鼠立体花卉造型。

蓝色大陆景区位于温室前广场周边绿地，与温室建筑外形线条呼应的花园，在Z字形的道路两侧布局种植白色及蓝色系的花卉，仿佛一个花的海洋。选用的植物材料有：荆芥(*Nepeta subsessilis*)、鼠尾草(*Salva japonica* Thunb)、夏堇(*Torenia*

fournieri)等。

(7) 非洲展区

非洲展区位于热带温室区，分为北非风情、热带非洲和沙漠探奇等部分，分别展示富有特色的非洲植物和文化风情。

(8)科普展区

配合此次花展，设立了五环连五洲世界花卉展的科普展区。该展区位于北京植物园科普馆，利用一层大厅的展室，布置了“五环连五洲”、“国花与文化”、“奥运脚步”、“花舞中华”、“世界国花之旅”等五个部分的内容，用图片、文字、实物以及互动形式展示了世界花卉的文化内涵。

(9) 中心区

主题：从雅典到北京

1）位置：位于椴树杨柳区内，利用林下开阔的空间，丰富的竖向变化，展现大面积的纯色花境设计。布展面积约为 11400m^2，花卉种植面积约 3972m^2。

2）主花材：主要采用黑心菊(*Rudbeckia hirta* L.)、松果菊(*Echinacea purpurea* Moengh)、鼠尾草(*S.japonica* Thunb)、彩叶草(*Cpleus blumei*)等。

3）景观特色：中心区外围利用立体花卉造型设置中国印及“同一个世界，同一个梦想”的文字造型，引导游客进入中心区。林间布置运动主题的立体花卉剪影墙，既达到了围合空间的效果，打破了林下的空旷感，又为此处增添了趣味性，突出奥运会更高、更快、更强的奥运精神。

以2008年北京奥运会体育图标——”篆刻之美”为蓝本，根据各项运动起源地或是各洲人民的喜爱情况，利用立体花卉造型塑造共35组运动人物形象，将五大洲与中心展区连为一体，表现奥林匹克精神早已扎根于各洲人民之中。

中心展区造型效果

第二章

“五环连五洲”世界花卉展集萃

一、花展分区

为体现此次展览的主题，在南门区用藿香蓟(*Ageratum houstonianum*)、紫苏(*Perilla frutescens* var. *crispa*)、美兰菊 (*Melampodium paludosum*)、四季秋海棠(*Begonia* × *semperflorens*)等各种颜色的花卉植物制作成五环，用红绿两种颜色五色草(*Alternanthera bettzickiana*)镶嵌成世界地图的背景，再用黄豆粘贴成"五环连五洲"中英文字体，表达了奥运将五大洲人民紧密联系在一起的寓意。东南门用蚕豆(*Vicia faba* L.)制作的大型立体造型福娃"欢欢"和福牛"乐乐"，将奥运会和残奥会的吉祥物联系在一起，表现了北京迎接奥运会和残奥会的欢乐气氛。

五环连五洲

奥运五环象征着全世界的团结和友爱。本次花展以"五环连五洲"作为主题，意在通过花展的方式，优美地用花卉作为材料，展示"同一个世界，同一个梦想"的奥运理想，为奥运会营造欢乐祥和气氛。

本区位于主入口处，用五色花卉组成的奥运五环为主景，直接点出花展的主题。由植物材料制成的景墙长12米，高5.6米。绿色的五色草作为底色，代表浩瀚的海洋；红色的五色草代表五大洲，镶嵌在大海之中。

主要植物品种：五色草(*A.bett zickiana*)、百日草(*Z.elegans*)、四季秋海棠(*Begonia* × *semperflorens*)、观赏椒(*Copsicum annuum*)、彩叶草(*C.blumei*)、小百日草(*Zinnia angustfilia*)等。

欢乐北京

福娃“欢欢”是北京2008年第二十九奥运会吉祥物之一，福牛“乐乐”是北京2008年第十三届残奥会吉祥物，“欢欢”与“乐乐”共持条幅，体现了中国人民迎接北京2008年奥运会和残奥会的欢乐心情。本组立体造型福娃和福牛高3.6m，底座高0.9m，用植物种子粘贴而成，位于东南门，寓意双福临门、欢乐迎奥运，同时也表达了北京市公园管理中心全体员工服务奥运、残奥的决心。

植物材料：四季秋海棠(*Begonia* × *semperflorens*)、蚕豆(*Vicia faba* L.)(粒)。

为表现美洲大陆既古老又现代，既传统又开放的多元文化特点，选择认知度较高的西部牛仔造型，用五色草(*A.bettzickiana*)、半柱花(*Hemigraphis* cv.)、金叶景天(*Sedum* cv.)、细茎针茅(*stipa tenuissima*)等植物制作而成。同时将印第安人头饰中的羽毛形状和颜色用植物材料加以表达，形成模纹花坛的效果。展区内应用大量原产美洲的花卉，如醉蝶花(*Cleome spinosa*)、美女樱(*Verbena × hybrida*)、一串红(*Salvia splendens*)、万寿菊(*Tagetes erecta*)、孔雀草(*Tagetes patula*)、百日草(*Zinnia elegans*)、观赏辣椒(*Capsicum annuum*)等，还布置了糖槭(*Acer saccharum*)、洋金凤(*Caesalpinia pulcherrima*)、月季(*Rosa* cv.)、向日葵(*Helianthus annuus*)等美洲国家的国花国树，体现美洲风情。这些花卉大都由众多品种加以展示。

美洲区——多元文化　神秘土地

从北极圈的冰雪世界，到亚马逊热带丛林，再到印第安人的乐土，美洲大陆（北美洲和南美洲）孕育了充满地域特色的“多元文化”。本展区选择“西部牛仔”为代表，利用立体花卉造型塑造了具有美洲特色的文化形象。展区内还展出美洲国家的国花、国树和代表性植物，以及源自美洲的作物、蔬菜。

植物材料：五色草(*A.bettzickiana*)、景天(*Sedum* cv.)、百日草(*Zinnia elegans*)、红花鼠尾草(*Saivia aodinea*)。

欧洲的古典园林以精致和浪漫闻名，植物园月季园的沉床园具有欧洲的造园风格，在其西侧利用绿篱围合的空间布置欧洲庭园式小花园，在绿篱前、林荫下和规则式道路两侧布置混合式花境，体现欧洲古典与优雅的花园特色。展区内还有欧洲酒桶的花卉立体造型，主要是考虑橡木酒桶是欧洲的特色，橡树(*Queraus dentata*)还是很多欧美国家的国树，具有重要的价值。展区栽植了夏栎(*Quercus robur*)、欧洲白桦(*Betula pendula*)、月季(*Rosa* cv.)、香石竹(*Dianthus caryophyllus*)、铃兰(*Convallaria majalis*)等欧洲国家的国花国树，还应用了薰衣草(*Lavandula officinalis*)、迷迭香(*Rosmarinus officinalis*)、芸香(*Ruta graveolens*)、亚麻(*Linum perenne*)等原产欧洲的花卉，以体现欧洲特色。

欧洲区——浪漫情怀 古典传奇

古代奥林匹克源于欧洲，1896年现代奥林匹克又在欧洲起源。欧洲是现代工业文明的发源地，也是现代植物科学、园艺科学的重要起源地之一。本展区汲取欧洲古典花园的精髓，着力体现欧洲的浪漫情怀，以立体花卉造型“酒桶”体现欧洲的园艺和文化特点。

主要植物材料：紫苏(*P. frutescens* var. *crispa*)、夏堇(*T.fournieri*)、观赏蓖麻()、牛舌草(*B.macrophylla*)、萱草(*Hemerocallis fulva* L.)、四季秋海棠(*Begonia* × *semperflorens*)、彩叶草(*C.blumei*)、百日草(*Z. elegans*)。

亚洲区通过石灯、陶罐等立体花卉造型，表达亚洲的古老与文明。陶罐是西亚庭园中常见的小品，展区一立一卧两个植物陶罐与水流式的花卉布置相得益彰。石灯是东方园林中的饰品，布置在路旁显得端庄古朴。展区还布置天女木兰(*Magnolia sieboldii*)、木槿(*Hibiscus syriacus*)、荷花(*Nelumbo nucifera*)、菊花(*Dendrathema morifolium*)等亚洲国家的国花国树，应用鸡冠花(*Celosia argentea*)、千日红(*Gomphrena globosa*)、桂圆菊(*Spilanthes oleracea*)和凤仙花(*Impatiens balsamina*)等原产亚洲的花卉，体现亚洲风情。这些种类也都有多个品种。

亚洲区：古老文明　美好家园

亚洲是最大的大陆，壮丽的高山、绵延的河流孕育了辉煌的文明。从浩瀚太平洋到青藏高原，从黄河到恒河，从西伯利亚到东南亚丛林，丰富的物种、多样的生态系统使亚洲成为动植物的乐园。本展区汲取富有石灯、陶罐形象，配以各国代表性植物和国花国树，表现了亚洲文化的东方特色。

主要植物材料：百日草(*Z. elegans*)、景天(*Sedum* cv.)、五色草(*A.bettzickiana*)。

大洋洲为蓝色海洋所包围，沿海有五光十色的鱼类。展区大量种植蓝色和白色系的花卉，如夏堇(*Torenia fournieri*)、蓝花鼠尾草(*Salvia farinacea*)、醉蝶花(*C. spinosa*)等，形成海水和浪花击撞的音符。海洋中跳跃着用各色植物材料制作的热带鱼、帆船等造型，增添热闹欢快的气氛。展区还布置金合欢(*Acacia pycnantha*)、鸡蛋花(*Plumeria rubra*)等大洋洲国家的国花国树。

大洋洲区——蓝色大陆　海洋世界

大洋洲位于南半球，星罗棋布的岛屿分布于浩瀚的蓝色太平洋中。阳光、沙滩、海水、蓝天、清新的空气、自由的鱼儿构成大洋洲的主要特色，显示出盎然的生机。本展区以蓝色海洋为主题，用植物材料再现了鱼翔浅底的梦想。

主要植物材料：百日草(*Z. elegans*)、夏堇(*T. fournieri*)、四季秋海棠(*Begonia* × *semperflorens*)、万寿菊(*T. erecta*)、五色草(*A.bettzickiana*)。

非洲区位于展览温室内，布置非洲木雕和各类多肉植物，种植猴面包树(*Adansonia digitata*)、千岁兰(*Welwitschia mirabilis*)、生石花(*Lithops* cv.)等原产非洲的珍稀植物，表面用沙石覆盖，让人有置身沙漠的感觉。还布置椰子(*Cocos nucifera*)、油棕(*Elaeis guineensis*)、咖啡(*Coffea arabica*)、凤凰木(*Delonix regia*)等非洲国家的国花国树。

非洲区——人类摇篮　原始自然

非洲是人类的摇篮，广阔的土地、丰富的物种、变化万千的地貌孕育了古老灿烂的文化。充满野性的热带丛林、稀树草原、茫茫大漠是人们向往的神奇土地。本展区用原产非洲的植物，配以非洲特色的工艺品，展示了非洲植物的多样性和文化特色。

植物材料：大戟科(*Euphorbiaceae*)、景天科(*Crassula* L.)、生石花(*Lithops* cv.)、兰科(*Orchidaceae*)。

中心区主题是从雅典到北京，体现现代奥林匹克运动的发展历程，表达“更快、更高、更强”的奥运精神。雅典神庙高达9.5米，长城长达20米，由五色草、景天等植物材料组成，气势宏伟，为花展的主要景点。展区入口处竖立三组大型立体运动剪影墙，还有10余个体育运动造型和各色花带将雅典神庙与北京长城有机联系起来，花带中穿插奥运会举办国的国花国树及代表性植物，是花展的核心部分。展区既表达了奥运会的主题，又丰富了文化内涵。此外，展览温室前的三角地伫立着用花卉植物制作而成的大型中国印“舞动的北京”，温室上方悬挂着“同一个世界，同一个梦想”的中英文横幅，表现出北京奥运会的主题，这也是此次花展的主旨。

从雅典到北京

奥林匹亚是古代奥运会的发源地，也是现代奥林匹克的圣地。从雅典到北京，奥运会走过了112年，奥运会走过了五大洲，终于来到中国这个东方国度。从雅典到奥运不只是时间上的延续，更是奥林匹克精神的传承和发扬光大。本景点利用立体装饰、花境、花带等多种形式，表现奥运会辉煌的历史进程。

主要植物材料：金光菊(*R. laciniata*)、五色草(*A.bettzickiana*)、佛甲草(*Sedum lineare* Thunb)、彩叶草(*C.blumei*)、萱草(*Hemerocallis fulva*)、小百日草(*Zinnia angustfilia*)、非洲凤仙(*I.walleriana*)、玉簪(*Hosta* sp.)、大叶铁线莲(*Clematis heracleifolia* DC.)等。

残奥会展区是残奥会期间一个特别的展览，便于到达、便于观赏、便于调动听觉、嗅觉、触觉等手段是该展区的突出特点。在此展区，设置了游人可以用轮椅轻松到达的游路，木制栏杆既成为道路边缘的提示物，又是芳香植物的展台。用中文、拉丁文以及盲文撰写的植物说明牌，使视力残疾人士与普通人一样，可以近距离欣赏花草。

闻香识花

沿道路设置木质栏杆，布置芳香植物，游人可触摸芳香植物的叶片，嗅闻芳香植物的气息，感受风声鸟鸣。

花舞残奥

用残奥会的会徽作为本景区的标志，突出残奥会团结、进取的特点。

二、景点造型

长城

奥林匹亚是古代奥运会的发源地，也是现代奥林匹克的圣地。从雅典到北京，奥运会走过了112年，奥运会走过了五大洲，终于来到中国这个东方国度。从雅典到奥运不只是时间上的延续，更是奥林匹克精神的传承和发扬光大。本景点利用立体装饰、花境、花带等多种形式，表现奥运会辉煌的历史进程。

主要植物材料：金光菊(*R. laciniata*)、五色草(*A.bettzickiana*)、佛甲草(*Sedum lineare* Thunb)、彩叶草(*C.blumei*)、萱草(*Hemerocallis fulva*)、小百日草(*Zinnia angustfilia*)、非洲凤仙(*I.walleriana*)、玉簪(*Hosta* sp.)、大叶铁线莲(*Clematis heracleifolia* DC.)等。

美洲区以印第安头饰造型体现美洲特色

更快更高更强

更快、更高、更强

“更快、更高、更强”是奥林匹克的格言，鼓励运动员要继续不断地参加运动、努力实现突破，它充分表达了奥林匹克不断进取、永不满足的奋斗精神。这句格言被国际奥委会采用，在1920年第七届奥林匹克运动会上正式出现。本组立体造型运用“更快、更高、更强”的格言墙，配合一组虚实结合的自行车运动造型，来体现奥林匹克运动勇往直前的精神。墙体长8米，高3米，运用各种花卉植物材料制作而成。

植物材料：四季秋海棠(*Begonia* × *semperflorens*)、非洲凤仙(*I. walleriana*)。

热带鱼

本组展区选用五色草、银香菊等植物材料制成6条大小、形状和颜色各异的热带鱼造型，以体现由众多岛屿组成的大洋州的独特景观。各种水上运动的立体造型与之交相辉映，营造出人与自然和谐相处的景象。游弋在海底的鱼使深海世界充满生气，将人们带入浮想联翩的梦幻境界，色彩斑斓的花卉更为蓝色海洋增添了五光十色的珊瑚树、贝壳、海胆……

植物材料：百日草(*Z. elegans*)、五色草(*A. bettzickiana*)。

西部牛仔

在好莱坞的西部片中，头戴卷边帽、脚蹬马靴、纵马驰骋的牛仔形象个性鲜明，深入人心。本次展出的牛仔立体造型高4.6m，用五色草(*A. bettzickiana*)、银香菊(*Santolina chamaecyparissus*)、金叶景天(*Sedum* cv.)、金叶菖蒲(*Acorus gramineus* 'Ogon')、细叶针茅(*S. tenuissima*)、半柱花(*Hemigraphis* cv.)等植物材料制作而成。

西亚陶罐

用黏土做成的大陶罐是西亚阿拉伯民众庭院中的常见摆设，也是西亚闻名于世的手工艺品之一。本组造型由一立一横两个陶罐组成，立者高2.5m，横者长3.5m，用五色草(*A. bettzickiana*)、银香菊(*Santolina chamaecyparissus*)、金叶景天(*Sedum* cv.)、半柱花(*Hemigraphis* cv.)等植物材料制作而成。陶罐周围流线形的花卉布置宛若一道花溪，与陶罐相映成趣。

蝴蝶造型

用五色草制作的蝴蝶造型位于欧洲展区。

亚洲花园

残奥精神

由植物材料制成的景墙长12m，高5.6m，残奥会标志镶嵌其中。绿色的五色草作为底色，代表浩瀚的海洋；红色的五色草代表五大洲，镶嵌在大海之中。

主要植物材料：五色草(*A. bettzickiana*)、百日草(*Z. elegans*)、四季秋海棠(*Begonia × semperflorens*)、观赏椒*Copsicum annuum*)、彩叶草(*C.blumei*)、小百日草(*Zinnia angustfilia*)等。

石灯

石灯造型是东方园林中极富特色的元素之一。本组石灯立体造型高1.6m，用红、绿二色五色草(*A. bettzickiana*)和金叶景天(*Sedum* cv.)制作而成，形态古朴，线条简洁。

同在蓝天下

残奥会期间，用五色草立体造型，烘托残奥会会徽。

彩虹迎宾

位于月季园入口处的双层拱门体现出海纳百川、包容万象的广博胸襟，也凸显中国人民热情好客的传统：打扫庭院，开门迎客。

欧洲酒桶

欧洲的酒文化内容丰富，法国的葡萄酒、德国的啤酒等都是世界闻名，而区别于中华酒文化最形象的标志，就是利用欧洲特有的橡树木材制作的大酒桶。本组用植物材料制作的酒桶长3.2m、高2.5m，与绿树鲜花相互辉映。

花廊迎香

木廊四角点缀四色花球改善木框结构的僵硬感觉，色彩亮丽吸引眼球。

“中国印.舞动的北京”

北京2008奥运会的会徽名为“中国印.舞动的北京”，它将肖形印、中国字和奥运五环有机地结合起来，巧妙地幻化成一个向前奔跑、舞动着迎接胜利的运动人形，表达北京热情张开双臂欢迎世界各国朋友的到来。本组中国印造型为两面观，高5.6m，用红色和白色两个品种的四季秋海棠(*Begonia* × *semperflorens*)装饰而成，色彩鲜明，是本次花展的标志性立体造型之一。

百川归流

鲜花组成气势恢宏的瀑布从陡峭的绝壁飞泻而下，激起巨大的浪花和漫天飞舞的水雾。瀑布上方山峦叠翠，下方怪石嶙峋。水流落下之处汇成溪流缓缓流入碧波涤荡的水潭。这就是位于赞比河中游的莫西奥图尼亚大瀑布缩影。

非洲刚果盆地热带雨林的面积仅次于南美洲亚马逊盆地热带雨林，有“地球第二肺”之称，森林资源极为丰富。用朽木搭建的骨架栽满种类丰富的植物，鸟类栖息在树干之上，长颈鹿漫步于林间，林中小溪蜿蜒流淌最终汇入瀑布落下形成的碧潭之中。

世界各方嘉宾将于2008年云集北京奥运会，犹如百股溪流汇入深潭，这正是“百川归流，共襄盛举”。

秋菊飘香

残奥会期间，用北京市花菊花营造的丰收景象。

林中趣影

神庙

古代奥林匹克运动会起源于2700年前的古希腊。帕特农神庙位于雅典卫城的中心，是希腊古典时期最雄伟的建筑经典，同时也是古希腊代表建筑之一。本次展出的神庙造型高9.5米，底座长16.5米，由12根立柱支撑，运用五色草、白草、金叶景天、四季秋海棠等植物材料覆盖而成。神庙座落在坡地上，周围绿树环绕，益显巍峨壮观。

植物材料：五色草(*A.bettzickiana*)、四季秋海棠(*Begonia × semperflorens*)、万寿菊(*T. erecta*)、大花金鸡菊(*C. grandiflora*)。

喜客临门

北京植物园东南门横碑前摆放带状花坛，透过栅栏立体造型“欢乐北京”印入眼帘，福娃欢欢张臂欢迎，福牛乐乐挥手致意。

突尼斯
苏丹
Sudan

橄榄枝在召唤

北非风情

三、花卉运动会

北京奥运会共有35个运动项目。北京奥运会的运动项目标识也借用汉字篆书的神韵，艺术地将35个项目用富有中国特色的形式表现出来。本次花展中，经过愿意技术人员的再创作，用花卉和植物表现的35个运动项目组成了一场花卉的奥林匹克。

沙滩排球

马术和自由体操

奥运图标从纸上跃然而起，幻化成赛场上夺牌高手；一组组构图优美的运动小人组成激烈的竞技赛场，力量与技巧完美结合的运动艺术被淋漓尽致地用花卉造型表现出来。

柔道

田径

田径运动员的花卉造型以其生动的形象耐人寻味，给人以美的陶冶和鼓舞的力量。

水球

选用五色草(*A. bettzickiana*)、银香菊(*S. chamaecyparissus*)等植物材料制作成6条大小、形状和颜色各异的热带鱼，与各种水上运动的立体造型交相辉映，形成人与自然和谐相处的景象。

皮划艇

皮划艇静水项目的花卉造型俊美威武、动态逼真，下部花坛表现出水浪涌动，扣人心弦。

蹦床

皮划艇激流回旋

铅球

体操

艺术体操

游泳

跳水

篮球

球星的造型飞身跃起投篮，下部花坛犹如观众席上一片呐喊助威声震耳的涌动人潮，欢快的色彩搭配烘托炽热沸腾的气氛。

划船

曲棍球

垒球

足球

击剑

网球、体操

马术

手球、射箭

排球

皮划艇

足球、乒乓球

铁饼

用植物将著名雕塑“掷铁饼者”投射到花墙上给人以浅浮雕的视觉效果，由于环境、位置和氛围相得益彰，使雕塑融合于园林。

排球、垒球

摔跤

游泳、标枪、垒球

福娃妮妮参加山地自行车比赛，憨态可掬，令人忍俊不禁。

俏皮的热带鱼

用蓝、黑、红、黄、绿等植物材料制作成五环凸显在海陆之上，体现本次世界花卉展“五环连五洲”的主题，该主题在空间上将雅典神殿和北京长城两处景点拉近距离。

四、五彩花境

花境（border）一词源于英国。花境是一条狭长的植物种植带，沿着边界或分界线种植，也就是说花境是沿着一定边界种植花卉的一种自然式布置方式。例如道路、建筑基础、墙基、斜坡地的脚下等。花境的特点是突出植物的自然景观美。花境应用于园林中，不仅可以增加自然气息，还可以起到分隔宅间和组织游览路线的作用。

花境是花卉应用的一种重要的形式，它追求“虽由人作，宛自天开”的艺术手法。参照自然风景中野生花卉在林缘地带的自然生长状态，经过艺术提炼而设计的自然式花带，其艳丽的色彩和丰满的群体形象给人留下深刻的印象。利用不同高度、花色、株型各异的香草布置花境，不仅能观其色，赏其姿，还能闻其香。漫步于花境旁，香草或浓或淡的香味，总会让人久久不能忘怀。

花境的特点

(1)它是根据自然界森林边缘处野生花卉自然散布生长景观加以艺术提炼而应用于园林中的造景艺术；

(2) 花境是一种过渡的半自然种植类型，体现植物的自然美与群体美；

(3) 植物作自然式配植，以植物群丛为主；

(4) 平面轮廓多为不规则形状，内部可以兼有自然与规则特点的混合构图；

(5) 花境是一个连续的、有变化的风景序列构图。

花境分类

(1) 依照观赏角度分

平面观花境

单面观赏花境(多用于道路两边强调边界也有用于林间以树林为背景的开旷空间多姿多彩花境)

双面观赏花境（开旷空间）

独立花境（四面观花境)。

(2) 依照植物组成分

专类植物花境：即由一类或一种植物组成的花境，如月季花境等。这种花境由于品种和变种很多，变异大，花型和花色多样，观赏效果很好。

宿根花卉花境，即整个花境全部由宿根花卉组成。

宿根花卉与一二年生草花花境。

混合花境，即花境中除花卉外，还有花灌木或草坪。

后三种花境，必须依照各种花卉的生物特征，科学选择和配置，才能达到理想的效果。

本次花展中，既有单面观花境，又有双面观和多面观花境；既有一二年生花卉花境，也有多年生花卉及灌木组成的混合花境。

朝气蓬勃

市花烂漫

北京的市花是月季和菊花。月季又是友谊与和平的花。北京植物园月季园在奥运期间芬芳满园，1000个品种的月季竞相争艳。

香伴松涛

花影绰约

欢腾节日

位于主路的“欢腾节日”花境配合路上游人轻快的步伐，以丰富的植物材料、错落有致的种植方式以及和谐的颜色搭配，衬托出奥运盛会下人们喜悦的节日心情。

林下荫

盛夏北京奥运会的热烈气氛中人们需要这片林下树荫来休憩片刻，万绿丛中万点红，“林下荫”的花境作品给人以清新蓬勃和催人向上的朝气。

路景

沿着草地的边缘，不设砌边，用花卉形成宽度不大的自然式种植，内高外低呈自然坡度，成为路边的观赏景点。

海纳百川

成片栽植形成大色块，与夏季草木万物生气勃勃的环境状况吻合，这个时节没有哪种花色能冠压群芳、占主导地位，只有满眼繁花似锦，充满活力与生机。

素雅

花伴赛场

夏练三伏

闹中取静

宁静

醇美的日子

林缘花

和煦

夏花灿烂

花路塔影

萬生苑
同一个世界同一个梦想
One World One Dream
Beijing 2008
热带植物温室
Tropical Conservatory
world
Dream

同一个世界，同一个梦想

花的光影

遐思

沿树荫布置的宿根花境和应时花带色彩靓丽、曲线流畅，布置的花卉颜色丰富，手法新颖。

调色板

使用多种不同色彩花卉，制成各种轮廓色块，锐意配置，以博新奇。

秋日之语

用市花月季替换亚洲区的花卉，使初秋的花展更具韵味。

沙漠生机

西非漫步

科普展所在地——科普馆

五、科普乐园

配合此次花展，设立了五环连五洲世界花卉展的科普展区。该展区位于北京植物园科普馆，利用一层大厅的展室，布置了“五环连五洲”、“国花与文化”、“奥运脚步”、“花舞中华”、“世界国花之旅”等五个部分的内容，用图片、文字、实物以及互动形式展示了世界花卉的文化内涵。

让我们循着现代奥运的脚步，探寻现代奥运的发展之路。

奥运脚步

希腊雅典：第一届奥运会举办城市 (1896 年)

希腊是奥林匹克运动会的发源地。第一届现代奥林匹克运动会于 1896 年在雅典举行。从此以后每一届的奥运火炬都从这里点燃。历经百余年，第二十八届奥运会于 2004 年重新回到希腊雅典。油橄榄是希腊的象征，也是和平、智慧和胜利的象征。

法国巴黎：第二届奥运会举办城市 (1900 年)

法国巴黎分别举办了 1900 年第二届和 1924 年第八届奥运会。花色洁白，芳香宜人的圣母百合是法国的国花。

美国圣路易斯：第三届奥运会举办城市 (1904 年)

美国是世界上举办奥运会次数最多的国家，1904 年第三届，1932 年第十届和 1984 年第二十三届，以及 1996 年第二十六届奥运会分别由圣路易斯、洛杉矶，以及亚特兰大举办。月季深受美国人民喜爱，于 1986 年被定为国花。

英国伦敦：第四届奥运会举办城市 (1908 年)

英国伦敦分别举办了1908年第四届和1948年第十四届奥运会。橡树在欧洲有着悠久的文化，是勇敢忠实的象征，是英国及很多国家的国树。

瑞典斯德哥尔摩：第五届奥运会举办城市 (1912 年)

第五届奥运会于1912年在瑞典的斯德哥尔摩举行。瑞典的国花是由瑞典著名植物分类学家林奈以自己的名字命名的林奈花。

第六届奥运会因第一次世界大战停办。

比利时安特卫普：第七届奥运会举办城市 (1920 年)

比利时的安特卫普于1920年举办了第七届奥运会。虞美人在比利时广为应用，花开时节，繁花似锦，深得比利时人民的喜爱，因此被定为国花。

法国巴黎：第八届奥运会举办城市 (1924 年)

荷兰阿姆斯特丹：第九届奥运会举办城市 (1928 年)

荷兰的阿姆斯特丹于1928年举办了第九届奥运会。荷兰是世界上最大的花卉出口国，尤以郁金香最为有名，郁金香种植面积达两万多英亩，故有“郁金香

花卉科普展的花舞中华部分

环球花卉之旅

之国”的美誉。

美国洛杉矶：第十届奥运会举办城市 (1932 年)

德国柏林：第十一届奥运会举办城市 (1936 年)

德国柏林和慕尼黑分别于 1936 年和 1972 年举办了第十一及第二十届奥运会。矢车菊是欧洲著名花卉，深受德国人民喜爱，是坚强、乐观、浪漫的象征，被推选为国花。

第十二届和第十三届奥运会因第二次世界大战而停办。

英国伦敦：第十四届奥运会举办城市 (1948 年)

芬兰赫尔辛基：第十五届奥运会举办城市 (1952 年)

芬兰的赫尔辛基于 1952 年举办了第十五届奥运会。芬兰盛产铃兰，1967 年被选为国花。铃兰是祖国富强、人民安康的象征。

澳大利亚墨尔本：第十六届奥运会举办城市 (1956 年)

澳大利亚是第一个举办奥运会的南半球国家。1956 年第十六届和 2000 年第二十七届奥运会分别在墨尔本和悉尼举办。密花金合欢原产澳大利亚，在澳大利亚有着悠久的应用历史和深厚的文化内涵，1988 年被正式定为国花。

科普展用文字图片和实物展品进行展示

奥运脚步

花卉科普展的国花与文化部分

意大利罗马：第十七届奥运会举办城市 (1960 年)

意大利的罗马于1960年举办了第十七届奥运会。作为意大利的传统象征，月季广受人们喜爱。

日本东京：第十八届奥运会举办城市 (1964 年)

日本是第一个举办奥运会的亚洲国家。1964年东京举办了第十八届奥运会。日本人把菊花作为自己的太阳花，日本皇室非常喜欢菊花，把它作为皇室的徽标和天皇王位的象征。

墨西哥墨西哥城：第十九届奥运会举办城市 (1968 年)

墨西哥于 1968 年在墨西哥城举办了第十九届奥运会。墨西哥是大丽花的故乡，人们把大丽花看成是大方、富贵的象征。

德国慕尼黑：第二十届奥运会举办城市 (1972 年)

加拿大蒙特利尔：第二十一届奥运会举办城市 (1976 年)

加拿大的蒙特利尔于 1976 年成功举办了第二十一届奥运会。作为加拿大著名的糖料植物及观赏植物，糖槭在加拿大有着悠久的应用历史和深厚的文化内涵，是加拿大的标志。

俄罗斯(前苏联)莫斯科：第二十二届奥运会举办城市 (1980 年)

莫斯科于1980年举办了第二十二届奥运会。俄罗斯是白桦的世界，白桦与俄罗斯人民的生活有着亲密的关系。每年六月份俄罗斯都会有专门举办“桦树节”。

美国洛杉矶：第二十三届奥运会举办城市 (1984 年)

韩国汉城：第二十四届奥运会举办城市 (1988 年)

韩国于 1988 年举办了第二十四届奥运会。韩国人民尤为喜爱木槿，认为她代表着国家的发展和繁荣，代表着韩国人民的勤劳和坚韧。1990年木槿被确定为韩国国花。

西班牙巴塞罗那：第二十五届奥运会举办城市 (1992 年)

西班牙的巴塞罗那于 1992 年举办了第二十五届奥运会。西班牙人民非常喜欢石榴花，他们的国徽上就有一只红色的大石榴。石榴树是富贵、吉祥、繁荣的象征。

美国亚特兰大：第二十六届奥运会举办城市 (1996 年)

澳大利亚悉尼：第二十七届奥运会举办城市 (2000 年)

希腊雅典：第二十八届奥运会举办城市 (2004 年)

中国北京：第二十九届奥运会举办城市 (2008 年)

北京是第二十九届奥运会和第十四届残奥会的主办城市，北京的市花是月季和菊花。

花卉科普展览中展出的与国花有关的产品

第三章
“五环连五洲”世界花卉展花卉应用

一、花展中各类花卉的应用

这次花展本着举办一次有特色、高水平花展的原则，以花卉植物为主，力求种类丰富，布置来自世界各地的各类花卉植物1000余种（品种），是一般花展难以企及的。植物材料尤其是主栽品种是根据植物园近些年应用效果，结合在北京玉渊潭公园、紫竹院公园和海淀公园举办的3次奥运花卉展示，进一步筛选而出。不仅有适应性强、观赏期长的一年生花卉，也有多年生宿根花卉、夏季开花的木本植物等，还应用了众多近些年引进的新品种。

(1) 一年生花卉：

由于花展时间长，而且正值北京夏季高温多雨的季节，为减少换花量，大面积应用了花期长且耐热耐涝的花卉种类，如非洲凤仙、四季秋海棠、丰花百日草、美兰菊和夏堇等花卉种类，这些花卉多原产于热带，因而对高温多雨等不利天气耐受性强。在同种花卉中再选用不同品系和不同颜色的品种，如非洲凤仙选用了"超级小精灵"、"绝地风暴"、"重音"和"节拍"等系列，百日草"梦境"系列选用了珊瑚红、玫红、粉、橙、黄、象牙白等花色。

(2) 多年生宿根花卉：

多年生宿根花卉：花展中应用了不少宿根花卉，尤其是夏季开花、花期长、花大色艳的花卉，如大花金鸡菊(*Coreopsis grandiflora*)、紫松果菊(*Echinacea*

purpurea)、千屈菜(*Lythrum salicaria*)、荆芥(*Nepeta subsessilis*)等，同时推广使用玉簪(*Hosta* cv.)、彩叶草(*Coleus blumei*)、矾根(*Heuchera* cv.)、‘紫衣骑士’莲子草(*Alternanthera dentata* ‘Purple Knight’)、紫叶甘薯(*Ipomoea* cv.)等观叶植物，还应用了狼尾草(*Pennisetum alopecuroides*)、‘大草原’糖蜜草(*Melinis nerviglumis* ‘Savannah’)、‘格拉茨’芒(*Miscanthus sinensis* ‘Graziella’、晨光芒(*Miscanthus sinensis* ‘Morning Light’)等观赏草，在保证景观效果的前提下减少了换花量。

(3) 木本花卉：

为了增强花展景观层次，选用了一些夏季开花的花灌木，如醉鱼草(Buddleja davidii cv.)枝条疏朗，花序下垂，很好地软化了长城的直线条，而且其花色鲜艳，花期长，能吸引蝴蝶。矮本花石榴(*Punica granatum* ‘Nana Plena’) 植株低矮，能很好地与其它花卉搭配，且花色鲜红，花期长。还有经过花期处理的叶子花(*Bougainvillea spectabilis*)不仅体形优美，而且花色鲜艳、花期长。此外，玫瑰木槿(*Hibiscus* ‘Due de Brabauf’)、邱园蓝莸(*Caryopteris clandonensis* ‘Kew Blue’)、‘粉钻石’圆锥八仙花(*Hydrangea paniculata* ‘Pink Diamond’)、‘金亮’锦带(*Weigela florida* ‘Goldrush’)等夏季开花的木本花卉也得到应用。

(4) 立体装饰植物：

花展中运用了50余组立体造型，这些造型都用不同的植物材料制作而成，为了体现植物园特色，除了传统的五色草外，还应用了金叶景天、白草、反曲景天、

波缘半柱花等植物。

(5) 新优植物：

花展中有很多是新引进的花卉植物，如花叶羊角芹(*Aegopodium podagraria* 'Variegatum')、橘黄春黄菊(*Anthemis sancti-johannis*)、网叶牛舌草(*Brunnera macrophylla* 'Jack Frost')、默式白花蒿(*Chrysanthemum leucanthemum* 'Malkonigin')、大花矢车菊(*Centaurea macrocephala*)、'玛丽' 橐吾 (*Ligularia dentata* 'Brit-Marie Crawford')、紫蜂斗菜 (*Petasites hybrida*)以及10个品种的矾根等，这些植物大部分为耐阴的地被植物，弥补了树荫下植物种类单调的缺憾。缺憾。

(6) 国花国树：

国花国树：此次花展的特色之处是融入了一些国家的国花国树，以增加文化内涵。如向日葵是秘鲁和乌克兰的国花，在美洲区栽植成片的向日葵，不仅体现了美洲的原产植物，而且增加了花卉相关的文化知识。月季是美国、英国等近10

个国家的国花，利用月季园大面积栽培的月季结合盆栽月季进行展览，展示了月季作为国花的魅力。还有百合是欧洲不少国家的国花，栽植成片的百合品种，可以让游人体会到百合品种之丰富。

二、花卉的应用形式

花展的主要应用方式为地栽，根据景观要求采用大面积的色带、色块结合小面积的混合花境，既有色彩热烈的大效果，又有精致配植的小景观。为了丰富植物景观，除了选用不同高度、色彩和质地的花卉植物外，还对地形进行处理，采用起伏坡地，既有利于排水，也增强了花卉展示效果。

为丰富整个花展的景观层次和感染力，还大量运用了立体造型，这些造型都用植物材料装饰而成，除了小部分为增强色彩效果采用植物种子（黄豆和蚕豆）外，其它均为活体植物材料。植物种类和栽植方式根据立体造型的效果而选用，大型几何式造型（如中国印、五环等）采用了卡盆苗，将盆栽苗扣盆后用海绵包

裹根系，放置在预埋在立体造型中的卡盆里，卡盆里通常还预置滴灌、微喷等灌溉设施，保证后期管理。卡盆苗通常选择植株低矮、生长慢、耗水量少或耐旱的植物，如四季秋海棠、非洲凤仙等，否则植株过高容易倒伏，供水不足容易萎蔫。对于造型比较复杂或细部要求出效果的立体造型（如牛仔、陶罐等），选用扦插穴盘苗，如五色草、半柱花、景天等植物扦插在穴盘中，生根后可随时插在填充好基质的造型骨架上，经过浇水、修剪等栽培管理能很快成形。

花展中还采用了不少盆栽形式，主要有四种情况：第一种为国花国树，这些植物有的花期短（如菊花），需要定期更换，更主要的是采用盆栽（紫砂盆）后，很容易与地栽花卉相区别，从而增强展示效果；第二种为大型木本植物，如榕树、散尾葵等温室盆栽植物，主要用作立体造型的配景，可以随时撤换；第三种为人工起地形较大的地方，地下没有土壤基质，用醉鱼草、莸等盆栽植物造景，丰富竖向景观；第四种为广场硬质铺装上摆盆花，如荷花等，通过植物蒸腾作用降低地表温度，减少夏季的酷热感，同时增加了花展内容。花展中还运用了组合盆栽形式，利用花柱、花槽、花球等形式将不同植物材料组合在一起，形成立体的花卉种植形式，布置在路旁、桥旁、建筑物旁，增强景观效果。

三、花卉的栽植和养护管理

此次花展时间为3个月，很多花卉由于花期不够长或后期观赏效果差，需要定期更换，保证观赏效果。为此，在苗圃采取分批播种的方式，让同一品种花期错开，满足花展鲜花常开的要求，非洲凤仙、夏堇、醉蝶花、波斯菊(*Cosmos bipinnatus*)等花卉均采用此种方法。

栽植时注意保持合理的株间距，既要保证初期的栽植效果，又要给植株后期生长留出空间，否则植株生长过密容易遭受病虫害的侵袭，高生长过大而冠幅小，容易发生倒伏。对五色草、景天等立体造型植物要定期修剪，防止徒长，同时保证形体美观密实。另外对地栽观叶植物如彩叶草、紫苏等，也适当掐心或修剪，使株形更加紧密，防止植株过高而倒伏。对木槿、美人蕉等花卉及时摘残花或修剪残花序，也是提高景观质量的必要手段。另外及时拔除杂草，尤其是菟丝子，也是养护的必要措施。

考虑到夏季降雨量大而频繁，为防止地面积水，人工起地形，并采用高畦的栽植方式，使雨水能尽快排到路面，避免栽植地积水。同时雨过天晴太阳暴晒，蒸腾作用加剧，植株失水严重，如果供水不足很容易造成植株受损萎蔫，尤其是立体造型植物根系浅、土壤少，很容易遭受水分胁迫。我们对立体造型和大面积地栽花卉都安装了灌溉系统，有些立体造型不仅安装了微喷，还有渗灌系统，以保证及时高效地灌水，防止水分缺失对植株生长势的抑制作用。

在植物入园时由植保专业技术人员对苗木进行查验，防止带病苗木进园，并将患有病毒病的长春花拒于园外。在夏季病虫害高发季节，有针对性地采取了喷药措施。由于花展面积大，植物品种多，很难根据单个品种或植株采取防治措施，为此我们采取了预防和治疗相结合、防病和防虫相结合、防治和补充营养相结合、尽量采用生物制剂或低毒低残留药剂的方针，喷施杀菌剂、杀虫剂加肥料的混合液。在7月初花展开始前后喷施了甲基硫菌灵＋爱福丁3号＋尿素以及甲基硫菌灵＋高渗苯氧威＋尿素，目的是为了促进植株生长，同时对来自各处的花卉苗木集中采取预防处理，以免受病虫害为害。在7月下旬和8月下旬又喷施了灭霉灵＋爱福丁3号＋磷酸二氢钾以及丙环唑＋爱福丁，主要是有针对性地防治腐烂病、叶斑病和夜蛾类害虫，同时补充营养，促进植株开花。采用不同药剂交叉和混合使用，提高了工作效率。

四、各类花卉的生长和适应性

苗木栽植后，对其观赏特性、生长和适应性状况进行了观察，并作出初步分析，以期为以后应用提供参考。

(1) 生长特性

对不同花卉植物定期观测，发现其高度和冠幅的生长速度各不相同，大致可分为三类：第一类植物高生长速度较快，成年植株高度超过80cm，如美人蕉、紫苏和向日葵等，高生长量均在1m左右。属于此类的植物还有柳叶马鞭草(*Verbena officinalis*)、东方蓼(*Polygonum orientale*)、观赏蓖麻(*Ricinus communis* cv.)、观赏谷子(*Pennisetum glaucum* cv.)等10余种，应用时可作为花境的背景，或在绿篱前作为主景。它们在花境中时宜成丛状或小块种植，数量和面积不宜太大，或在开阔地成片状种植，还可以点缀在立体造型或硬质景观旁。第二类为中型植

物，成年植株高度大约在40～80cm，如百日草、鸡冠花、千日红、香彩雀(*Angelonia angustifloia*)等大部分花卉，这些植物应用广泛，在花坛、花境中可以根据花色、质地等特性互相搭配，成为花展的主角。第三类为矮生类型，植株高度低于40cm，如夏堇、四季秋海棠、非洲凤仙、银叶菊(*Senecio cineraria*)等，可以用作花境的前景或花坛镶边，成片种植效果也非常好，矾根、红苋、紫叶醋浆草等还是优良的地被植物。

不同植物的冠幅生长差异较小，除东方蓼、观赏蓖麻、花叶芦竹(*Arundo donax* 'Variegata')、芒(*Miscanthus sinensis*)、紫苏等少数植物冠幅超过60cm，需要较大空间外，大部分植物的冠幅均在30～40cm左右，可以作为栽植间距参考。

(2) 观赏特性

不同花卉的观赏特性也有差异，有些种类成花力强，可以连续开花，花期超过1-2个月，如非洲凤仙、四季秋海棠、夏堇、美兰菊、百日草、万寿菊等，这些种类往往品种和花色比较丰富（如非洲凤仙、百日草），成为花展中的主栽种类。但有时会因为生长空间或营养不足而缩短花期，甚至出现不开花的情况。有些种类花序长，自下而上次第开花，花期能达到2周以上，如醉蝶花、千屈菜、蛇鞭菊(*Liatris spicata*)、蓝花鼠尾草等，这些花卉在后期会出现顶部有花而下部光秃无花的情况，观赏质量下降，需要及时修剪。还有些植物花期较短，通常在7～10天左右，如向日葵、百合、紫菀(*Aster* cv.)、滨菊(*Leucanthemum vulgare*)等，需要及时更换或与其它植物搭配。

表1 主要植物的生长及观赏特性

植物名称	株高(cm)	冠幅(cm)	特 性
东方蓼	200	80	植株高大，枝叶扶疏，花期长，花叶均可观赏，作背景。
观赏蓖麻	190	70	植株高大，叶片和果实变红，均可观赏，作背景。
花叶芦竹	180	75	植株高大，优良的观叶植物，适宜丛植。
泽兰	165	60	植株高，在花境中作配景。
芒	160	60	叶丛和花序非常壮观，适宜丛植。
堆心菊	150	50	植株高大，花密，花境种植。
美人蕉	150	50	既可观叶，也可观花，花期长，耐热，可成片种植。
紫苏	140	60	深色观叶植物，与暖色花卉对比鲜明，生长旺盛，可修剪。
千屈菜	130	50	花序优雅，花期长，可招引蝴蝶。
观赏谷子	130	45	植株高大，可观叶、观花序，做花境背景。
醉蝶花	130	45	花形奇特，花期长，能招引蝴蝶。
向日葵	100	40	品种丰富，有矮生、高生或单瓣、重瓣等类型。
柳叶马鞭草	90	60	植株高大，枝叶和花序疏朗有致，做花境背景。
大叶铁线莲	80	45	耐阴地被，长势强健，但不整齐，适宜自然配置。
雁来红	80	40	叶色鲜明，富有变化，观赏期长，花坛花境均宜。
蓝花鼠尾草	75	45	花序直立，花期长，与其它花卉对比鲜明。
黑心菊	70	50	夏季开花，花形出众，耐旱耐热，用于花境。
金光菊	70	40	品种众多，花色各异，花期长，适宜花境种植。
金鸡菊	70	40	花色鲜亮，花期长，适应性强，适宜花境或成片种植。
波斯菊	70	35	植株体形优美，花期长，适应性强，适宜花境或成片种植。
美兰菊	60	45	花密集，花色明亮，花期长，抗性强，适宜成片种植。
百日草	60	40	花繁色艳，连续开花，适应性强，花坛花境中均可。
紫松果菊	60	30	夏季开花，花大色艳，花期长，用在花境中。
紫菀	60	25	品种多，可在夏季开花，花色淡雅，花境中应用，耐半阴。
蛇鞭菊	60	20	花序直立，花期较长，在花境中与其它花卉对比强烈。
千日红	55	40	花期长，可作干花，夏季表现好，花坛花境均可应用。
一串红	55	35	花色鲜艳，夏季表现略差。
香彩雀	50	30	花小而密，整体效果较好，适宜片状种植。
彩叶草	45	40	观叶植物，品种丰富，抗性强，用作地被或花坛花境中。

表1续

植物名称	株高(cm)	冠幅(cm)	特　性
万寿菊	45	40	花大色艳，花期长，适用于各种花坛和花境。
丰花百日草	45	35	花繁密，花期长，适应性强，花坛花境均可应用。
鸡冠花	45	30	品种繁多，花形多样，适应性强，花坛花境均可应用。
桂圆菊	45	30	花序奇特，花期长，适应性强，可应用于花坛花境。
观赏椒	40	25	观果植物，适应性强，可点缀花坛、花境。
长春花	35	25	花色鲜艳，花期长，夏季易感病。
紫叶酢浆草	30	40	优良的观花观叶地被植物，夏季表现好。
非洲凤仙	30	35	植株低矮，连续开花，花坛、花境或盆栽均可，怕涝。
天竺葵	30	35	植株低矮，连续开花，夏季表现不佳，怕热、怕涝。
蓝羊茅	30	30	观叶植物，作地被或应用于花坛和花境，怕热、怕涝。
银叶菊	30	30	观叶植物，可修剪，花坛镶边或点缀花境，怕涝。
夏堇	25	35	植株低矮，花繁密，花期长，耐热，花坛或花境镶边。
牛舌草	25	30	观叶植物，品种多，适应性各异，耐阴，怕热，林下栽植。
四季秋海棠	25	25	品种繁多，观花、叶均可，连续开花不断，怕涝。
红苋	20	45	观叶植物，观赏期长，优良的地被或镶边。
矾根	20	30	观叶植物，品种多，叶色富于变化，适应性各异，耐阴。

(3) 抗病虫害能力

北京夏季炎热多雨容易造成高温高湿的环境，这对大部分花卉的生长是很不利的，容易发生病虫害。对所栽培应用的情况和病虫害进行调查，发现大约30种植物出现了不同程度的病虫害，种间差异较大（表2）。

发生重度病害的植物大多对高温高湿的天气耐受力差，如天竺葵、美女樱、矢车菊等，在夏季长势差，容易发生茎腐病而导致整个植株甚至大面积的死亡。发生中度病害的植物对连续高温多雨的天气比较敏感，由于土壤积水容易发生植株腐烂，如四季秋海棠、非洲凤仙、绵毛水苏、景天类植物等，这些植物在天气转好的情况下能够恢复。大部分植物对高温高湿的耐受力强，如百日草、鸡冠花、千日红等，这些植物原产热带地区，因而抗热抗湿能力强，基本不发病或仅有少量叶斑病，在夏季应用这些花卉能减少养护管理，较好地保持景观效果。

发生虫害的有8种植物5种虫害，其中醉蝶花遭受菜蝽、菜粉蝶和棉铃虫的为害最为严重，彩叶草、玉簪、美兰菊和小百日草生长过密时，雨后招致蜗牛危害，叶片出现孔洞，影响观赏质量。其它植物如美人蕉、金光菊和天竺葵出现了棉铃虫和烟实夜蛾的虫害，但经过处理基本得到控制，没有造成更大危害。

由此可见，天竺葵、美女樱、矢车菊病害较重，不适宜在夏季高温季节应用，长春花需要选择抗病的品种。虫害只有醉蝶花比较严重，但是与蝴蝶能形成共生的现象，也能得到控制。由于花展应用的花卉大部分原产于热带地区，总体来看植株表现较好，说明花展在品种选择和养护上比较成功。

表2 不同植物种类的病虫害调查

植物名称	原产地	病虫害
长春花 *Catharanthus roseus*	马达加斯加	疫病(I)
美女樱 *Verbena hybrida*	南美州	茎腐病(I)
矢车菊 *Centurea cyanus*	欧洲东南部	枯萎(I)
天竺葵 *Pelargonium graveolens*	南非	茎腐病(I)，叶斑病(I)，灰霉病(II)，棉铃虫(II)，烟实夜蛾(III)
景天 Sedum cv.	栽培品种	茎腐病(I)，叶腐病(II)
矮牵牛 *Petunia hybrida*	南美	枯萎(II)
地被石竹 *Dianthus* cv.	园艺品种	茎腐病(II)

表2续

植物名称	原产地	病虫害
金光菊 *Rudbeckia laciniata*	加拿大及美国	枯萎(II)，棉铃虫(II)，烟实夜蛾(III)
南非万寿菊 *Osteospermum ecklonis*	非洲	枯萎(II)
蓝花鼠尾草 *Salvia farinacea*	墨西哥	枯萎(II)
绵毛水苏 *Stachys lanata*	高加索和中东地区	枯萎(II)
非洲凤仙 *Impatiens walleriana*	非洲东部热带	茎腐病(II)
向日葵 *Helianthus annuus*	北美州西南部	叶斑病(II)
牛舌草 *Brunnera macrophylla*	高加索地区	叶斑病(II)
四季秋海棠 *Begonia × semperflorens*	园艺杂交种	茎腐病(II)，灰霉病(III)
百日草 *Zinnia elegans*	北美洲	叶斑病(III)
彩叶草 *Coleus blumei*	东南亚	叶斑病(III)，蜗牛(III)
一串红 *Salvia splendens*	南美	叶斑病(III)
花烟草 *Nicotiana alata*	南美	叶斑病(III)
鸡冠花 *Celosia cristata*	热带地区	叶斑病(III)
植物名称	原产地	病虫害
铃兰 *Convallaria majalis*	欧、亚及北美洲温带	叶斑病(III)
五色草 *Alternanthera bettzickiana*	巴西	叶腐病(III)
千日红 *Gomphrena globosa*	热带地区	叶斑病(III)
大花金鸡菊 *Coreopsis grandiflora*	美国东南部	白粉病(III)
醉蝶花 *Cleome spinosa*	热带美洲	菜蟒(I)，菜粉蝶(III)，棉铃虫(III)
玉簪 *Hosta* sp.	园艺品种	蜗牛(II)
小百日草 *Zinnia angustifolia*	墨西哥	蜗牛(II)
美兰菊 *Melampodium paludosum*	葡萄牙、西班牙等地	蜗牛(III)
美人蕉 *Canna generalis*	热带地区	棉铃虫(III)

注：病虫害等级：重度(I)指植株受害率为40%以上，中度(II)受害率为10%～40%，轻度(III)受害率在10%以下。

此次花展展出了上千个品种的花卉，要经受夏季高温高湿的考验，对我们来说是一个挑战。虽然北京市各科研院所和公司等单位为迎接奥运筛选出了一批奥运花卉，但为了体现植物园的特色，此次花展还是运用了不少新优植物，尤其是植物园近些年引种的花卉，如牛舌草、矾根、橐吾的品种，观察发现品种之间存在一定差异，大部分表现良好。同时在立体造型上也运用了多种植物材料，除了银香菊在夏季表现较差外，其它植物如半柱花、金叶景天、反曲景天、白草等均表现较好。因此夏季花卉应用和筛选的工作还需深入。

花卉布置时首先要考虑其特性，向日葵、醉蝶花、松果菊等大部分花卉是强阳性植物，在树荫下表现很差；玉簪、牛舌草等植物较耐阴，在全光照下容易发生日灼焦边；非洲凤仙、千日红、美人蕉等花卉在全光照或疏阴下都能生长，只是生长势和花量有所差异而已。因此一定要适地适花。

布置花卉不仅要考虑植株密度、高度、质地和花卉色彩，还要和周围景观融合，以达到较好的效果。密度过大会影响通风透光性，导致后期生长细弱，花量减少，容易倒伏，且易受病虫为害。因此把握合理的栽植密度对后期生长非常重要。

养护管理除了合理浇水、修剪外，还要时刻监测病虫害情况，及时处理病虫为害，同时做好摘残花、除杂草等工作，维护美观和清洁的环境。病虫害关键在防，一定要严把检疫关，防止外来病原入园，否则很难控制。夏季浇水时间也很关键，傍晚浇水有利于病菌的繁殖和蔓延，也有利于蜗牛的为害，因此要避免傍晚浇水，改为清晨浇水，以控制病虫的发展。

花展不仅要有精心设计和施工，还要靠精心栽植和养护管理，只有将各环节抓好，才能举办高质量的花展。

四、花卉集锦

1.部分国家国花

荷花 *Nelumbo. nucifera*

大丽花 *Dahlia pinnata* Cov.

矢车菊 *C. cyanus*

卡特兰 *Cattleya hybrida*

马蹄莲 *Zantedeschia aethiopica* (L.) Spreng

卓锦万带兰

夹竹桃 *Nerium indicum*

月季 *Rosa* cv.

虞美人 *Paparer rhoeas* L.

扶桑 *Hibiscus rosa—sinensis* Linn.

鸡蛋花 *rubra*

石榴 *granatum*

天女兰花 *Magnolia*

木槿 *syriacus*

仙客来 *Cyclamen persicum* Min

垂花蝎尾蕉 *Heliconia rostrata*

帝王花 *Protea*

百合 *Lilium.braunii var.viyidulum* Baker

王莲 *Victoria amazonica*

洋金凤花 *Caesalpinia pulcherrima*

菊花 *Dendranthema morifolium*

2.珍稀物种

千岁兰 *Welwitschia mirabilis*

黑法师 *Aeonium arboreum* 'Atropureum'

大花曼陀罗
Datura stramonium L.

硬叶兜兰 Paphiopedilum micranthum

生石花 Lithops cv.

沙漠玫瑰 Adenium obesum

宝莲灯 Medinilla magnifica

地涌金莲 Musella lasiocarpa

部分南非花卉

3.展览花卉

桔梗 Platycodon grandiflorus (Jacq) A. DC

万寿菊 Tagetes erecta—黄

万寿菊 Tagetes erecta—桔红

耧斗菜

Aquilegia viridflora Pall

一串红

Salvia splendens

皱叶剪秋萝 Lychnis fulgens

孔雀草 *Tagetes cv.*

孔雀草三倍体 *Tagetes cv.*

大百日草 *Zinnia elegans*

鸡冠 *Celosia ar.gntea* 穗状（大红）

鸡冠 *Celosia arngtea* 头状（玫红）

夏堇 *Torenia fournieri*

宿禄苏 *Phlox drummondii*

凤仙花 *Impatiens balsamim* L.

玉簪 *Hosta* sp.

彩叶草 *Coleus blumei*

彩叶草 *C.blumei*

小百日草 *Zinnia angustfilia*

鼠尾草 *Salvia favinacea*

金叶薯 *Ipomoea batatas*

夏堇 *T. fournieri*

小百日草 *Z. angustfilia*

假龙头 Physostegia virginiana

万寿菊 Tagetes erecta

松果菊 E.purpurea

萱草 Hemerocallis. fulva

景天 Sedum cv.

桂圆菊 *S. oleralea*

美女樱 *Verbena hybricla*

玉簪 *Hosta* sp.

长春花 *Catharanthus roseus*

花烟草 *Nicotinana alata*

波斯菊 *Cosmos bipinnatus*

鸡冠 *Celosia cristata*

并蒂莲 *Nelumbo nucifera*

萬生苑
同一个世界同一个梦想
One World One Dream
Beijing 2008
热带植物温室
Tropical Conservatory

第四章

“五环连五洲”世界花卉展纪事

一、花展纪事

从2008年7月8日，离奥运会开幕还有一个月，“五环连五洲”世界花卉展胜利开幕，北京植物园变成了花的海洋、欢乐的海洋。来自世界各地的嘉宾纷纷慕名来到北京植物园，观赏这一难得的花卉奥运盛会。来宾中，既有两鬓斑白的老人，也有牙牙学语的儿童，既有来自遥远国度的奥运会官员、运动员，又有来自边陲的少数民族少年。既有残疾人奥运会代表团的选手，也有来自香山脚下的盲人居民。大家无不被这迷人的景色打动，无不对这充满友谊和爱的花展表示赞叹。

2008年7月8日，五环连五洲世界花卉展在北京植物园开幕

北京公园管理中心领导为公园形象大使授牌

原国务委员唐家璇视察花展，北京公园管理中心党委书记、主任郑秉军陪同

原中央政治局委员、国务院副总理吴仪视察花展

牛有成副市长检查花展情况

牛有成同志和建设部城建司李东序司长检查世界花卉展的科普展览

各级领导检查花展

北京市公园管理中心领导在检查、指导花展工作

中国奥委会名誉主席、国际奥委会执行委员何振梁对世界花卉展的内容和形式表示赞赏

原园林局老领导在参观花展的非洲展区

中国工程院资深院士、著名花卉专家陈俊愉教授在参观科普展，对花展给予肯定

上海绿化局的专家们在考察珍稀植物

傣族少女在赏花

来自境内外的 80 多家媒体采访报道了“五环连五洲”世界花卉展

来自境外的媒体进行现场采访报道

二、花展盛况

奥运会、残奥会期间，植物园以优美的环境成为欢乐的海洋

俄罗斯残疾人奥运会代表团成员在鲜花簇拥下摆出击剑的英姿

温室前的荷花吸引了游客的目光

来自异域的长者们徜徉在花海之间，被这美景所陶醉

相聚在五环下

以色列奥运代表团成员被迷人的景色所吸引

我要留个影

你好，奥运！你好，五环连五洲！

加油！奥运精神

前进，为了奥运精神

各国少年儿童一起来参观“五环连五洲”世界花卉展

奥运会，看我的

我们来摔跤

植物园员工随时关注花卉的生长情况

用镜头记录美好的一切

又见雅典

绿色的记忆

欢聚长城下

长城长

从小播下绿色的种子。游人在参观科普展

三、花展记忆

2007年10月，希腊代表团向北京植物园赠送油橄榄

运动造型制作过程中采用的微喷技术

园艺工人们在制作神庙

工人们在制作立体花卉饰品

福娃和福牛造型使用了蚕豆进行精心粘贴

福娃和福牛造型的制作

工程施工过程中的吊装

陶罐的制作工艺

工作人员在制作牛仔的框架结构

牛仔造型的制作

图文解说牌让游客了解各国的国花和文化

盲文讲解说明板，为视力残疾人士提供了一份特殊的关怀，在残奥会期间受到特别关注

中文与盲文双语的植物名称介绍

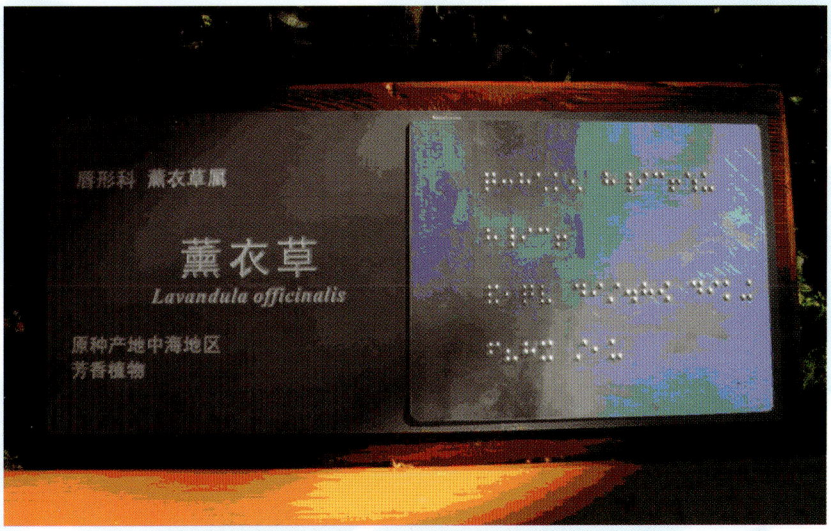

北京奥运官方网站中英文版及时报道了“五环连五洲”世界花卉展

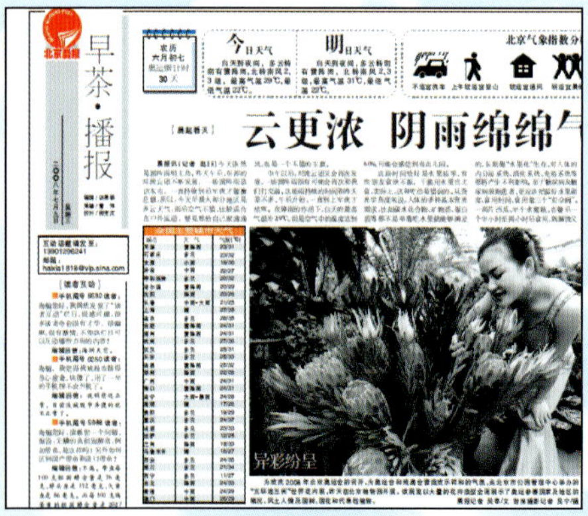

北京晨报的报道

各地的地方媒体也关注“五环连五洲”世界花卉展。图为扬州日报在头版显著位置的报道

Sunday, May 10, 2009 | Today's Toronto Star | Login

thestar.com

HOME NEWS OPINION BUSINESS SPORTS ENTERTAINMENT LIVING TRAVEL WHEELS HEALTHZONE YOURHOME PARENTCENTRAL

Toronto & GTA | Ontario | Canada | World | Comics | Contests | Crosswords | Horoscopes | Lotteries | Sudoku | TV Listings | StarAr

Shear joy and all the tea in China

Aug 13, 2008 04:30 AM

Comments on this story (4)

ROSIE DIMANNO

BEIJING

You can lead a horticulture but you can't make her –

No, don't. Creaky old Dorothy Parker pun.

It did keep going 'round my head though, whilst breaking out of the Olympic bubble for a couple of hours yesterday – between the swimming in the morning and diving in the afternoon – for some perambulating far from the madding mob.

Decided it was time to stop and smell the flowers, literally, at tranquil Beijing Botanical Gardens, way out near the Fragrant Hills. (Love the poetic Chinese names for things.)

Tranquil, yes, but not quiet. Deafening, in fact, thanks to the high-pitched chattering of ... I'm thinking cicadas, or crickets, a gazillion of them blending into the landscape and uttering a cacophony of song.

MORE IN THE NEWS

Civilians caught in the crossfire in Pakistan

'Status Indians' face threat of extinction

How do Torontonians fare at handwashing?

Vegas rolls dice on an uncertain future

Condo evacuees eye mid-June return home

加拿大星报发表关于奥运花展的专题文章，对花展给与高度赞赏

Beijing 2008 Olympic Games

同一个世界 同一个梦想 One World One Dream

Home | Games News | Official News | Press Conference | Athletes | Focus | Life | Sidelights | Interview | Comments | Economy

BEIJING 2008 OLYMPICS

Int'l flowers exhibition in Beijing Botanical Garden

www.chinaview.cn 2008-07-28 09:01:41

Top Photos

Premier promises clean, scenic Beijing during and after Olympics

Aerial photos of Beijing Olympic venues

Top Videos

AIPS president confident of successful Olympics

Bush to attend Olympics opening ceremony

新华社将五环连五洲世界花展作为奥运报道的重要内容之一

08总动员

锁定10金以上

荣誉属于陈燮霞?

五大洲鲜花齐聚京城

奥运雕塑“亮相”京城

羊城晚报的相关报道

花螺

为迎接北京奥运，“五环连五洲世界花卉展”近日在北京植物园举办，展出了1000余个品种、100万余株参赛国代表植物。图为形状别致的“螺”花。 中新社

美国侨报的有关报道

萬生苑
Beijing 2008
生 苑

附　录

附录1 世界各国国花国树(代表性植物)一览图

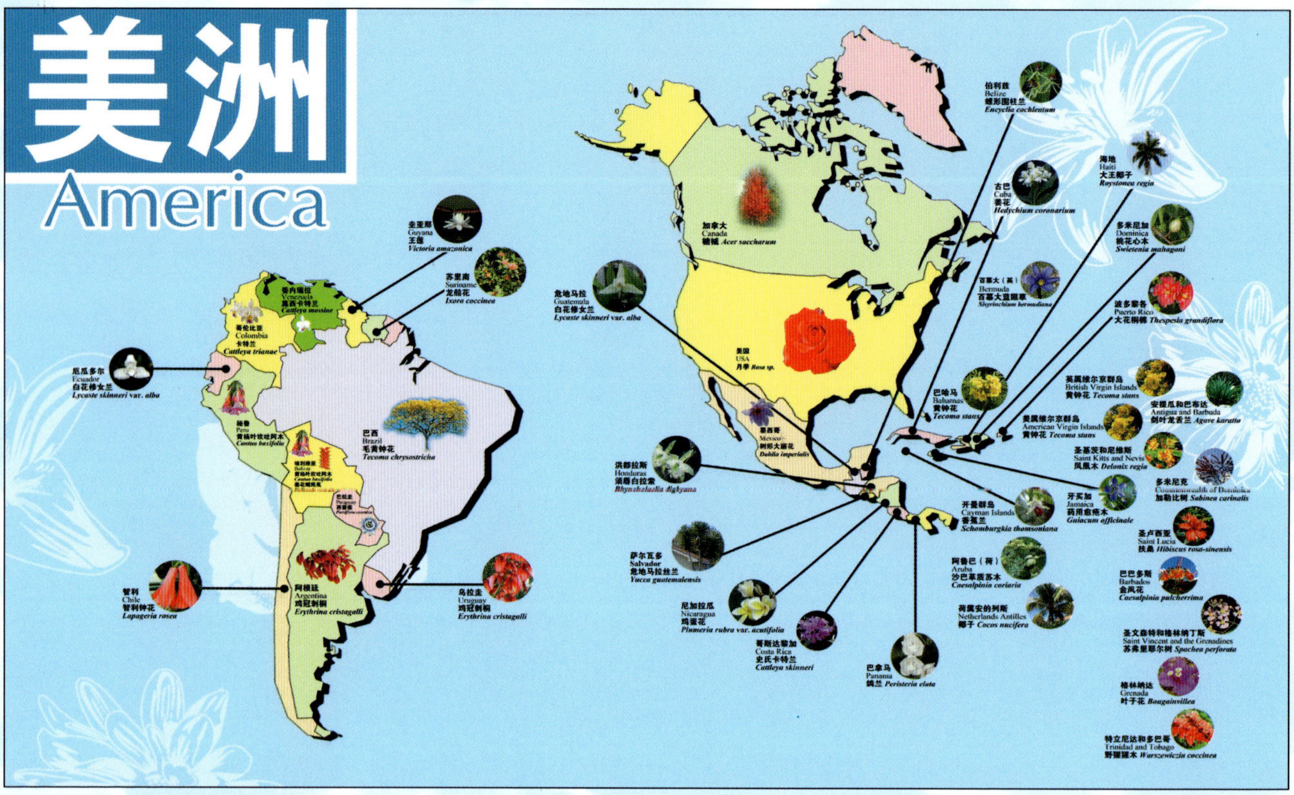

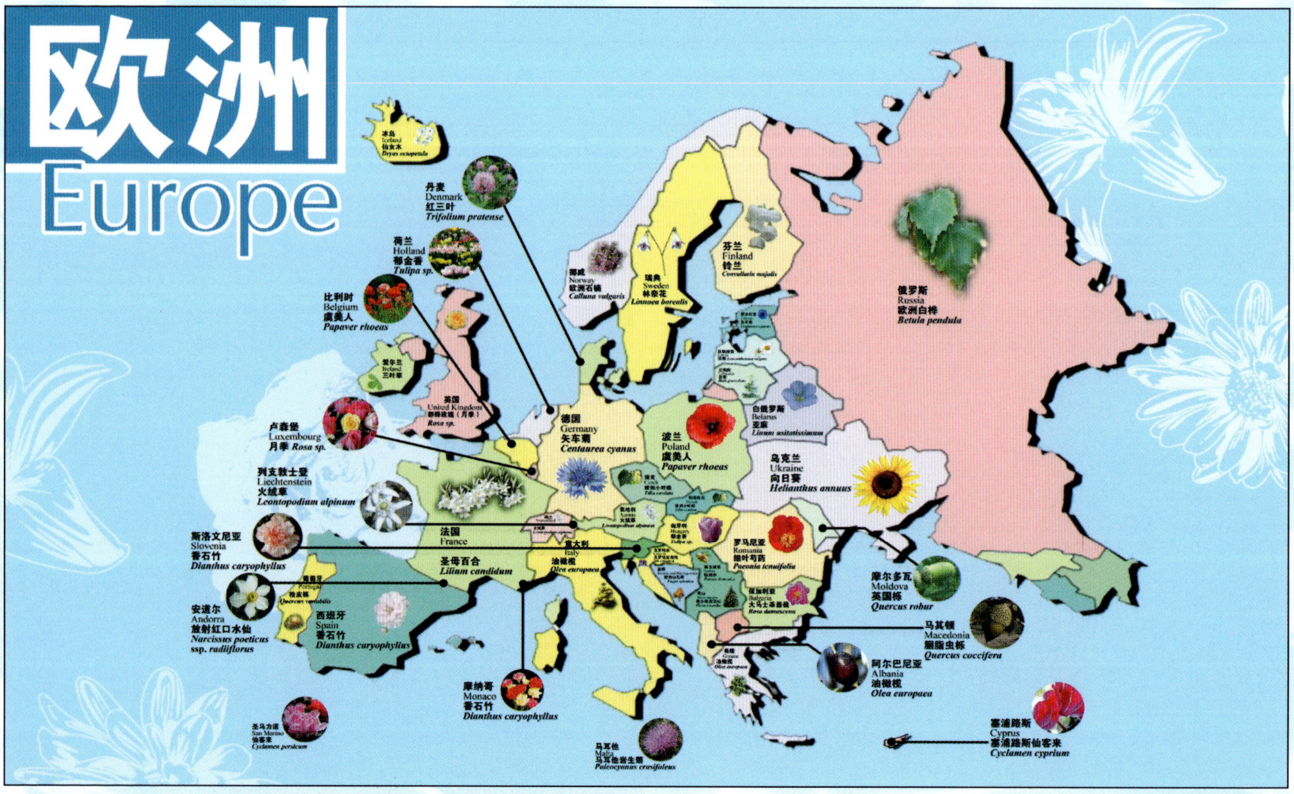

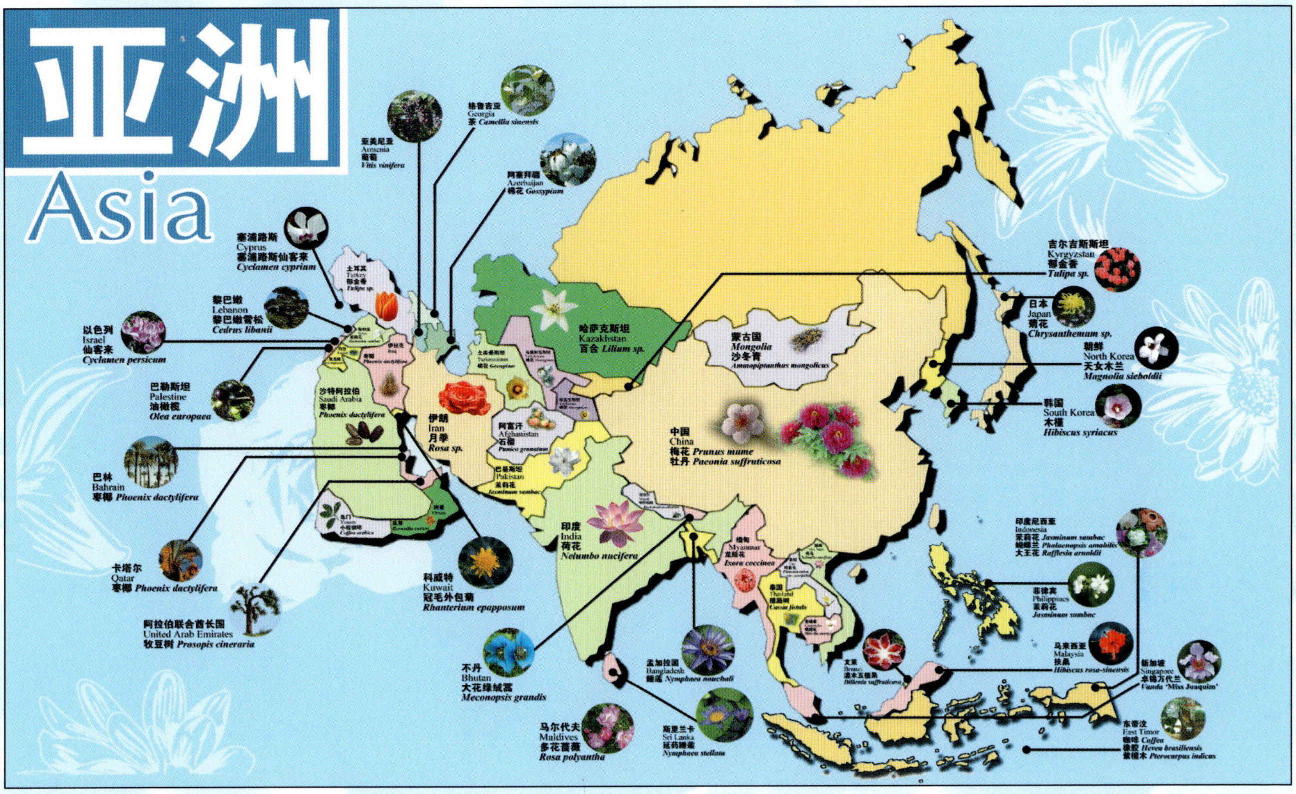
亚洲
Asia
亚美尼亚 Armenia 葡萄 Vitis vinifera
格鲁吉亚 Georgia 茶 Camellia sinensis
阿塞拜疆 Azerbaijan 棉花 Gossypium
塞浦路斯 Cyprus 塞浦路斯仙客来 Cyclamen cyprium
土耳其 Turkey 郁金香 Tulipa sp.
黎巴嫩 Lebanon 黎巴嫩雪松 Cedrus libanii
以色列 Israel 仙客来 Cyclamen persicum
巴勒斯坦 Palestine 油橄榄 Olea europaea
沙特阿拉伯 Saudi Arabia 枣椰 Phoenix dactylifera
伊朗 Iran 月季 Rosa sp.
阿富汗 Afghanistan 石榴 Punica granatum
巴基斯坦 Pakistan 茉莉花 Jasminum sambac
巴林 Bahrain 枣椰 Phoenix dactylifera
卡塔尔 Qatar 枣椰 Phoenix dactylifera
阿拉伯联合酋长国 United Arab Emirates 牧豆树 Prosopis cineraria
科威特 Kuwait 冠毛外包菊 Rhanterium epapposum
哈萨克斯坦 Kazakhstan 百合 Lilium sp.
蒙古国 Mongolia 沙冬青 Ammopiptanthus mongolicus
中国 China 梅花 Prunus mume 牡丹 Paeonia suffruticosa
印度 India 荷花 Nelumbo nucifera
缅甸 Myanmar 龙船花 Ixora coccinea
泰国 Thailand 腊肠树 Cassia fistula
不丹 Bhutan 大花绿绒蒿 Meconopsis grandis
孟加拉国 Bangladesh 睡莲 Nymphaea nouchali
马尔代夫 Maldives 多花蔷薇 Rosa polyantha
斯里兰卡 Sri Lanka 延药睡莲 Nymphaea stellata
吉尔吉斯斯坦 Kyrgyzstan 郁金香 Tulipa sp.
日本 Japan 菊花 Chrysanthemum sp.
朝鲜 North Korea 天女木兰 Magnolia sieboldii
韩国 South Korea 木槿 Hibiscus syriacus
印度尼西亚 Indonesia 茉莉花 Jasminum sambac 蝴蝶兰 Phalaenopsis amabilis 大王花 Rafflesia arnoldii
菲律宾 Philippines 茉莉花 Jasminum sambac
马来西亚 Malaysia 扶桑 Hibiscus rosa-sinensis
文莱 Brunei 灌木五桠果 Dillenia suffruticosa
新加坡 Singapore 卓锦万代兰 Vanda 'Miss Joaquim'
东帝汶 East Timor 咖啡 Coffea 橡胶 Hevea brasiliensis 紫檀木 Pterocarpus indicus

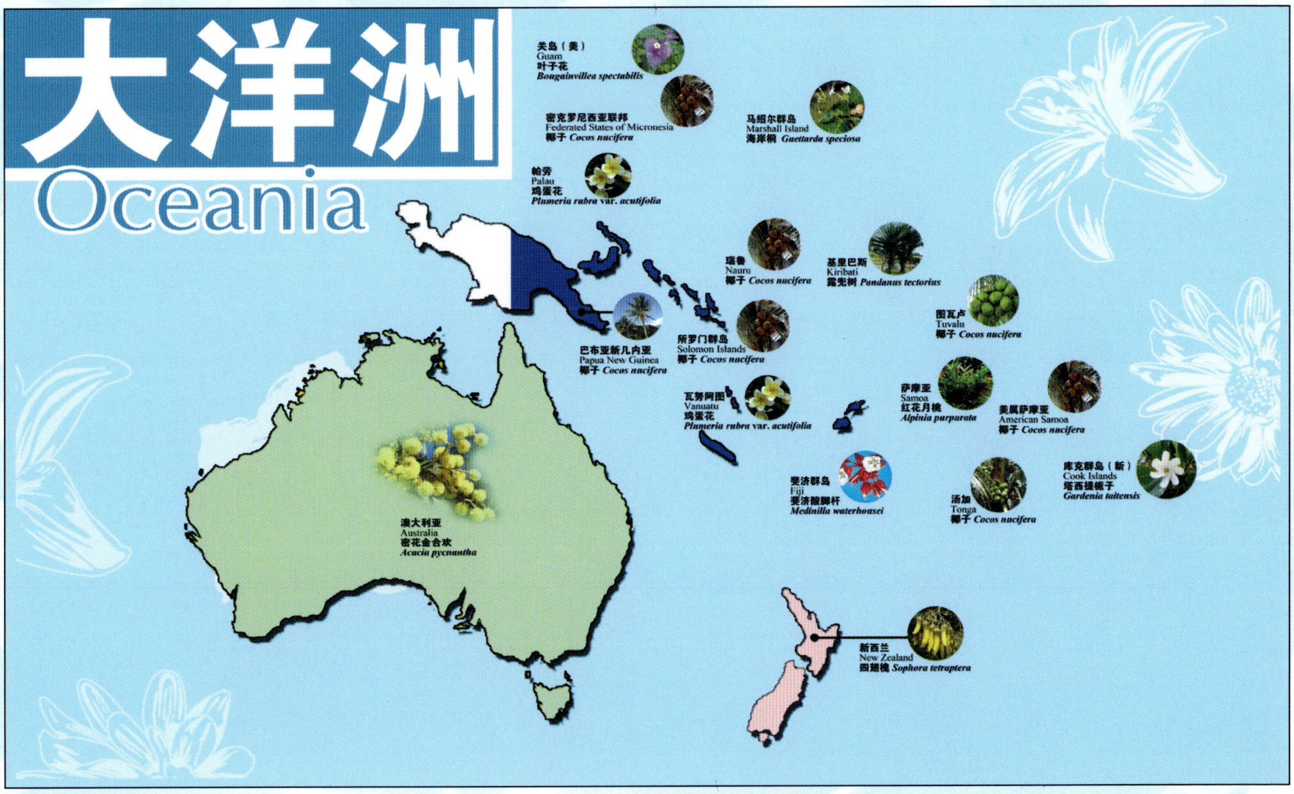
大洋洲
Oceania
关岛（美） Guam 叶子花 Bougainvillea spectabilis
密克罗尼西亚联邦 Federated States of Micronesia 椰子 Cocos nucifera
马绍尔群岛 Marshall Island 海岸桐 Guettarda speciosa
帕劳 Palau 鸡蛋花 Plumeria rubra var. acutifolia
瑙鲁 Nauru 椰子 Cocos nucifera
基里巴斯 Kiribati 露兜树 Pandanus tectorius
图瓦卢 Tuvalu 椰子 Cocos nucifera
巴布亚新几内亚 Papua New Guinea 椰子 Cocos nucifera
所罗门群岛 Solomon Islands 椰子 Cocos nucifera
瓦努阿图 Vanuatu 鸡蛋花 Plumeria rubra var. acutifolia
萨摩亚 Samoa 红花月桃 Alpinia purpurata
美属萨摩亚 American Samoa 椰子 Cocos nucifera
斐济群岛 Fiji 斐济酸脚杆 Medinilla waterhousei
汤加 Tonga 椰子 Cocos nucifera
库克群岛（新） Cook Islands 塔西提栀子 Gardenia taitensis
澳大利亚 Australia 密花金合欢 Acacia pycnantha
新西兰 New Zealand 四翅槐 Sophora tetraptera

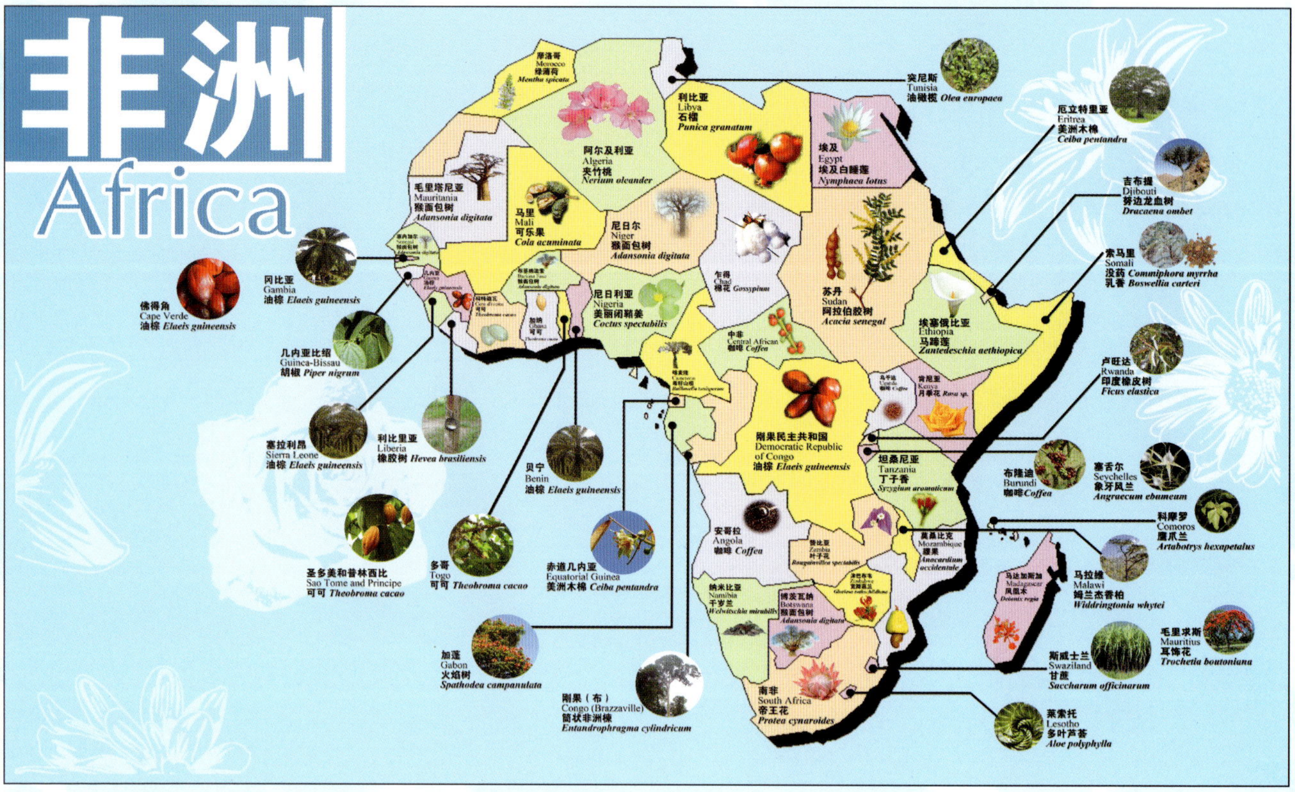

附录2 世界部分国家国花国树一览表

洲	国家（地区）	国花/国树	中文名称	拉丁文
北美洲	安提瓜和巴布达	国花	剑叶龙舌兰	*Agave Karatto*
		国树	牛角拉美使君子木	*Bucida buceras*
	阿鲁巴（荷）	国树	沙巴革质苏木	*Caesalpinia coriaria*
	巴哈马	国花	黄钟花	*Tecoma stans*
		国树	愈疮木	*Guaiacum officinale*
	巴巴多斯	国花	洋金凤	*Caesalpinia pulcherrima*
	百慕大（英）	国花	百慕大蓝眼草	*Sisyrinchium bermudiana*
	伯里兹	国花	章鱼兰	*Encyclia cochleatum*
		国树	大叶桃花心木	*Swietenia macrophylla*
	加拿大	国树	糖槭	*Acer saccharum*
	开曼群岛（英）	国花	香蕉兰（熊保兰）	*Schomburgkia thomsoniana*
	哥斯达黎加	国花	史氏卡特兰	*Cattleya skinneri*
		国树	象耳豆	*Enterolobium cyclocarpum*
	古巴	国花	姜花	*Hedychium coronarium*
		国树	大王椰子	*Roystonea regia*

洲	国家（地区）	国花 / 国树	中文名称	拉丁文
北美洲	多米尼加	国花	桃花心木	*Swietenia mahogani*
		国树	加勒比树	*Sabinea carinalis*
	萨尔瓦多	国花	危地马拉丝兰	*Yucca guatemalensis*
		国树	掌叶黄钟木	*Tabebuia rosea*
	格林纳达	国花	叶子花	*Bougainvillaea*
	危地马拉	国花	白花修女兰	*Lycaste skinneri*
		国树	美洲木棉（爪哇木棉）	*Ceiba pentandra*
	洪都拉斯	国花	须唇白拉索	*Rhyncholaelia digbyana*
		国树	卵果松	*Pinus oocarpa* (或 *Pinus caribaea var. hondurensis*)
	美属维尔京群岛	国花	黄钟花(黄时钟花)	*Tecoma stans*
	英属维尔京群岛	国花	黄钟花(黄时钟花)	*Tecoma stans*
	牙买加	国花	神圣愈疮木	*Guaiacum sanctum*
		国树	高红槿	*Hibiscus elatus*
	圣卢西亚	国花	蓝雏菊	*Felicia amelloides*
		国花	蔷薇	*Rosa sp.*
	墨西哥	国花	大丽花	*Dahlia imperialis*
		国树	墨西哥落羽杉	*Taxodium mucronatum*
	尼加拉瓜	国花	鸡蛋花	*Plumeria rubra*
	巴拿马	国花	鸽兰	*Peristeria elata*
	波多黎各(美)	国花	大花肖槿	*Thespesia grandiflora*
		国树	美洲木棉(爪哇木棉)	*Ceiba pentandra*
	圣基茨和尼维斯	国花	凤凰木	*Delonix regia*
	特立尼达和多巴哥	国花	野猩猩木	*Warszewiczia coccinea*
	美国	国花	月季	*Rosa sp.*
		国树	橡树	*Quercus sp.*
	圣文森特和格林纳丁斯	国花	苏弗里耶尔树	*Spachea perforata*
大洋洲	澳大利亚	国花	金合欢	*Acacia pycnantha*
	库克群岛(新)	国花	塔西提栀子	*Gardenia taitensis*
	斐济	国花	斐济野牡丹	*Medinilla waterhousei*
	关岛(美)	国花	叶子花	*Bougainvillea spectabilis*
		国树	印茄	*Intsia bijuga*
	马绍尔群岛	国花	葛塔德木（海岸桐）	*Guettarda speciosa*
	新西兰	国花	银蕨	*Cyathea dealbata*
		国树	四翅槐	*Sophora tetraptera*

洲	国家（地区）	国花/国树	中文名称	拉丁文
大洋洲	帕劳	国花	鸡蛋花	*Plumeria sp.*
	萨摩亚	国花	红花月桃	*Alpinia purpurata*
	汤加	国花	假藤黄	*Garcinia pseudoguttifera*
	瓦努阿图	国花	鸡蛋花	*Plumeria sp.*
非洲	阿尔及利亚	国花	(1)鸢尾	*Iris tectorum*
			(2)夹竹桃	*Nerium oleander*
			(3)蔷薇（玫瑰）	*Rosa sp.*
		国树	油橄榄	*Olea europaea*
	摩洛哥	国花	月季	*Rosa sp.*
	贝宁	国树	油棕	*Elaeis sp.*
	博茨瓦纳	国花	月季	*Rosa sp.*
		国树	猴面包树	*Adansonia digitata*
	布基纳法索	国花	(1)月季	*Rosa sp.*
			(2)郁金香	*Tulipa generiana*
	喀麦隆	国树	毒籽山榄	*Baillonella toxisperma*
	刚果(布)	国树	红影木	*Entandrophragma cylindricum*
	埃及	国花	睡莲	*Nymphaea lotus*
	埃塞俄比亚	国花	马蹄莲	*Zantedeschia aethiopica*
	加蓬	国花	火焰树、苞萼木	*Spathodea campanulata*
		国树	奥克榄	*Aucoumea klaineana*
	几内亚比绍	国花	胡椒	*Piper nigrum*
	加纳	国花	枣椰	*Phoenix dactylifera*
	几内亚	国花	胡椒	*Piper nigrum*
	利比亚	国花	石榴	*Punica granatum*
		国树	油棕	*Elaeis sp.*
	利比里亚	国花	胡椒	*Piper nigrum*
	莱索托	国花	多叶芦荟	*Aloe polyphylla*
	马达加斯加	国花	凤凰木	*Delonix regia*
		国树	猴面包树	*Adansonia digitata*
	摩洛哥	国花	香石竹	*Dianthus caryophyllus*
		国树	刺阿干树	*Argania spinosa*
	马拉维	国树	热带香柏	*Widdringtonia cupressoides*
				或 *Widdringtonia nodiflora*
	毛里求斯	国花	钟型胭脂花	*Trochetia boutoniana*
	毛里塔尼亚	国树	猴面包树	*Adansonia digitata*
	尼日利亚	国花	尼日利亚闭鞘姜	*Costus spectabilis*

洲	国家（地区）	国花/国树	中文名称	拉丁文
非洲	南非	国花	帝王花	*Protea cynaroides*
		国树	非洲罗汉松	*Podocarpus latifolius*
	卢旺达	国花	月季	*Rosa sp.*
		国树	印度橡皮树	*Ficus elastica*
	塞内加尔	国树	猴面包树	*Adansonia digitata*
	塞舌尔	国花	象牙风兰	*Angraecum ebumeum*
	圣多美和普林西比	国树	可可	*Theobroma cacao*
	坦桑尼亚	国花	雄丁香	*Syzygium aromaticum*
	突尼斯	国花	金合欢	*Acacia farnesiana*
		国树	油橄榄	*Olea europaea*
	赞比亚	国花	叶子花	*Bougainvillea spectabilis*
		国树	椰子	*Cocos nucifera*
	津巴布韦	国花	嘉兰	*Gloriosa rothschildiana*
南美洲	阿根廷	国花	鸡冠刺桐	*Erythrina crista-galli*
	玻利维亚	国花	(1)黄杨叶坎吐阿木	*Cantua buxifolia*
			(2)垂花蝎尾蕉	*Heliconia rostrata*
	巴西	国花	黄钟花	*Tecoma chrysostricha*
		国树	巴西苏木	*Caesalpinia echinata*
	智利	国花	智利蓝钟花	*Lapageria rosea*
	哥伦比亚	国花	冬抱柱兰	*Cattleya trianae*
		国树	蜡棕	*Ceroxylon Quindiuense*
	厄瓜多尔	国花	(1)白花修女兰	*Lycaste skinneri*
			(2)月季	*Rosa sp.*
	圭亚那	国花	王莲	*Victoria regia*
	巴拉圭	国花	(1)茉莉花	*Jasminum sambac*
			(2)西番莲	*Passiflora caerulea*
	秘鲁	国花	(1)黄杨叶坎吐阿木	*Cantua Buxifolia*
			(2)向日葵	*Helianthus annuus*
	苏里南	国花	龙船花	*Ixora sp.*
	乌拉圭	国花	鸡冠刺桐	*Erythrina crista-galli*
	委内瑞拉	国花	卡特兰	*Catlleya mossiae*
		国树	黄花风铃木	*Tabebuia chrysantha*
欧洲	阿尔巴尼亚	国树	油橄榄	*Olea europaea*
	安道尔	国花	红口水仙	*Narcissus poeticus ssp. radiiflorus*
	奥地利	国花	火绒草	*Leontopodium alpinum*
	比利时	国花	虞美人	*Papaver rhoeas*

洲	国家（地区）	国花 / 国树	中文名称	拉丁文
欧洲	白俄罗斯	国花	亚麻	*Linum usitatissimum*
	保加利亚	国花	大马士革蔷薇	*Rosa damascena*
	克罗地亚	国花	普鲁妮卡鸢尾	*Iris ‘Perunika’*
	捷克	国树	欧洲小叶椴	*Tilia cordata*
	丹麦	国花	红三叶	*Trifolium pratense*
		国树	欧洲山毛榉	*Fagus sylvaticus*
	西班牙	国花	康乃馨	*Dianthus caryophyllus*
	爱沙尼亚	国花	矢车菊	*Centaurea cyanus*
		国树	夏栎(英国栎、夏橡)	*Quercus robur*
	芬兰	国花	铃兰	Convallaria majalis
			国树	欧洲白桦(垂枝桦)*Betula pendula*
	法国	国花	百合	*Lilium （Lilium candidum）*
	英国	国花	月季	*Rosa sp.*
		国树	夏栎(英国栎、夏橡)	*Quercus robur*
	德国	国花	矢车菊	*Centaurea cyanus*
		国树	夏栎(英国栎、夏橡)	*Quercus robur*
	爱尔兰	国花	白三叶	*Trifolium repens*
	冰岛	国花	仙女木	*Dryas octopetala Linn.*
	意大利	国花	(1)白色百合	*Lilium candidum*
			(2)罂粟	*Papava sp.*
			(3)月季	*Rosa sp.*
			(4)堇菜	*Viola sp.*
	拉脱维亚	国花	滨菊	*Leucanthemum vulgare*
		国树	夏栎(英国栎、夏橡)	*Quercus robur*
			欧洲小叶椴	*Tilia cordata*
	列支敦士登	国花	橘黄珠芽百合(橙花百合)	*Lilium sp.*
	立陶宛	国花	芸香	*Ruta graveolens*
		国树	夏栎(英国栎、夏橡)	*Quercus robur*
	卢森堡	国花	月季	*Rosa sp.*
	摩尔多瓦	国树	夏栎(英国栎、夏橡)	*Quercus robur*
	马耳他	国花	齿菊木	*Paleocyanus crasifoleus*
				（该属可能归并到 *Cheirolophus* 属）
		国树	阿拉尔树、山达脂柏	*Tetraclinis articulata*
	摩纳哥	国花	香石竹	*Dianthus caryophyllus*
	荷兰	国花	郁金香	*Tulipa*

洲	国家（地区）	国花/国树	中文名称	拉丁文
欧洲	挪威	国花	(1)苏格兰石楠(1976年后)	*Calluna vulgaris*
			(2)锥形虎耳草(1935~1976)	*Saxifraga cotyledon*
	俄罗斯	国树	欧洲白桦(垂枝桦)	*Betula pendula*
	斯洛文尼亚	国花	香石竹	*Dianthus caryophyllus*
		国树	欧洲小叶椴	*Tilia cordata*
	圣马力诺	国花	仙客来	*Cyclamen persicum*
	塞尔维亚	国花	芍药一种	*Paeonia triternata*
	瑞士	国花	火绒草	*Leontopodium alpinum*
	斯洛伐克	国花	欧洲百里香	*Thymus vulgaris*
		国树	欧洲小叶椴	*Tilia cordata*
	瑞典	国花	北极花(林奈花)	*Linnaea Borealis*
	乌克兰	国花	向日葵	*Helianthus annuus*
		国树	欧洲荚蒾	*Viburnum opulus*
亚洲	阿富汗	国树	黑桑	*Morus nigra*
	孟加拉	国花	延药睡莲	*Nymphaea nouchali*
	不丹	国花	绿绒蒿	*Meconopsis grandis*
		国树	西藏柏木	*Cupresseus torolusa*
	文莱	国花	灌木五桠果	*Dillenia suffruticosa*
	柬埔寨	国花	银帽花	*Mitrella mesnyi*
	中国	国花	牡丹（未定）	*Paeonia suffruticosa*
			梅花（未定）	*Prunus mume*
		国树	银杏（未定）	*Ginkgo biloba*
	塞浦路斯	国花	仙客来	*Cyclamen cyprium*
		国树	金橡树	*Quercus alnifolia*
	印度尼西亚	国花	(1)茉莉花	*Jasminum sambac*
			(2)美丽蝴蝶兰	*Phalaenopsis amabilis*
			(3)大花草	*Rafflesia arnoldii*
	印度	国花	荷花	*Nelumbo nucifera*
		国树	孟加拉榕	*Ficus benghalensis*
	伊朗	国花	大马士革蔷薇	*Rosa damascena*
	伊拉克	国树	枣椰（伊拉克蜜枣）	*Phoenix dactylifera*
	以色列	国花	仙客来	*Cyclamen*
		国树	油橄榄	*Olea europaea*
	约旦	国花	黑鸢尾	*Iris nigricans*
		国树	大鳞栎	*Quercus ithaburensis subsp. Macrolepis*
	日本	国花	菊花	*Chrysanthemum sp.*

洲	国家（地区）	国花/国树	中文名称	拉丁文
亚洲	哈萨克斯坦	国花	百合	*Lilium sp.*
	吉尔吉斯斯坦	国花	郁金香属	*Tulipa sp.*
	韩国	国花	木槿	Hibiscus syriacus
	沙特阿拉伯	国树	枣椰	*Phoenix dactylifera*
	科威特	国花	冠毛外包菊	*Rhanterium epapposum*
	老挝	国花	鸡蛋花	*Plumeria rubra Linn. cv. acutifolia*
	黎巴嫩	国树	黎巴嫩雪松	*Cedrus libanii*
	马尔代夫	国花	多花蔷薇	*Rosa polyantha*
		国树	椰子	*Cocos nucifera*
	马来西亚	国花	扶桑	*Hibiscus rosa-sinensis*
	缅甸	国花	龙船花	*Ixora coccinea*
		国树	印度紫檀	*Pterocarpus indicus*
	尼泊尔	国花	树形杜鹃	*Rhododendron arboreum*
	巴基斯坦	国花	茉莉花	*Jasminum sambac*
		国树	雪松	*Cedrus deodara*
	菲律宾	国花	茉莉花	*Jasminum sambac*
		国树	印度紫檀	*Pterocarpus indicus*
	巴勒斯坦国	国树	油橄榄	*Olea europaea*
	朝鲜	国树	天女木兰	*Magnolia sieboldii*
	卡塔尔	国花	百日草	*Zinnia elegans*
	新加坡	国花	卓锦万代兰	*Vanda Miss Joaquim*
	斯里兰卡	国花	延药睡莲	*Nymphaea nouchali*
		国树	铁力木	*Mesua nagassarium*
	叙利亚	国花	(1)茉莉（民间）	*Jasminum sambac*
			(2)冠状银莲花	*Anemone coronaria*
			(3)大马士革蔷薇	*Rosa damascena*
		国树	枣椰	*Phoenix dactylifera*
	泰国	国树	腊肠树	*Cassia fistula*
	土耳其	国花	钟花郁金香	*Tulipa sylvatica*
	阿拉伯联合酋长国	国树	牧豆树	*Prosopis cineraria*
	越南	国花	荷花	*Nelumbo nucifera*
	也门	国树	小粒咖啡	*Coffea arabica*

注释：由于多数国家的国花来源于民间约定俗成或文化传统，故存在“一国多花”甚至“多种版本”的情况。本表格为分析各类资料以后并经科学甄别后得到的结果，不当之处，敬请指正。

致 谢

北京市公园管理中心在奥运会、残奥会期间举办了“五环连五洲”世界花卉展，该花展被奥组委文化活动部列为2008奥运会、残奥会系列城市文化活动之一，得到了世界各地宾客的赞赏，并荣获2008北京奥运会、残奥会花卉布置工作特等奖。这些成绩是在北京市委、市政府的正确领导下取得的。在花展的筹备过程中，得到了北京市各委、办、局和奥组委的大力帮助和指导，得到了建设部等主管部门的支持和关心，得到了许多国家驻华使馆的积极配合和协助，还得到了许多业内专家的悉心关怀和审正。

在此，对各级领导和社会各界给予“五环连五洲”世界花卉展的大力支持、协助一并表示最诚挚的谢意。

2008年10月